Sitzungsberichte

der

Heidelberger Akademie der Wissenschaften

Stiftung Heinrich Lanz

Mathematisch-naturwissenschaftliche Klasse

*) *Jahrgang 1921 erschien im Verlage von Carl Winters Universitätsbuchhandlung in Heidelberg.*

Im Verlag von Walter de Gruyter & Co. vormals G. J. Göschen'sche Verlagshandlung — J. Guttentag, Verlagsbuchhandlung — Georg Reimer — Karl J. Trübner — Veit & Comp., Berlin erschienen:

Abteilung A. Mathematisch-physikalische Wissenschaften.

Jahrgang 1922.

1. Perron, Oskar. Neue Summationsmethoden und Entwicklungen nach Polynomen. Reichsmark 0·30
2. Perron, Oskar. Über transzendente Funktionen auf Riemannschen Flächen. Reichsmark 0·60
3. Baldus, Richard. Über die singulären Punkte reeller Parameterkurven. Reichsmark 0·50

Jahrgang 1923.

1. Deecke, W. Mitteleuropäische Meeresströmungen der Vorzeit. Reichsmark 0·60
2. Liebmann, Heinrich. Die Lie'sche Cyklide und die Inversionskrümmung. Reichsmark 0·40
3. Perron, Oskar. Über Gleichungen ohne Affekt. Reichsmark 0·40
4. Liebmann, Heinrich. Beiträge zur Inversionsgeometrie III. Reichsmark 0·40
5. Kratzert, J. Beitrag zur Kenntnis des Andesins von Bodenmais. Reichsmark 0·50

Jahrgang 1924.

1. Th. Curtius und A. Bertho. Einwirkung von Stickstoffkohlenoxyd und von Stickwasserstoffsäure unter Druck auf aromatische Kohlenwasserstoffe. Reichsmark 0·50
2. Liebmann, Heinrich. Umkehrung des Variationsproblems der ebenen Affingeometrie. Reichsmark 0·60
3. Salomon, Wilhelm. Die Itensitäten alluvialer und diluvialer geologischer Vorgänge und ihre Einwirkung auf die pliocäne Rumpffläche des Kraichgaues und Odenwaldes. Reichsmark 1·20
4. Heffter, L. Zur absoluten Geometrie. Reichsmark 0·60
5. van Werveke, L. Über die Entstehung der lothringischen Lehme und des mittelrheinischen Lößes. Reichsmark 1·50
6. Krull, Wolfgang. Die verschiedenen Arten der Hauptidealringe. Reichsmark 0·50
7. Roeser, Ernst. Übergang von der nichteuklidischen Streckentrigonometrie zur Winkelmessung. Reichsmark 0·30
8. Wellstein, Julius. Zur Differentialgeometrie der isotropen Kurven. Reichsmark 1·50
9. Ewald Rudolf. Die geodynamischen Erscheinungen des krystallinen Odenwaldes als Beispiel einer geoisostatischen Ausgleichsschwingung. Reichsmark 1·50

(Fortsetzung siehe 3. Umschlagseite.)

*) Bestellungen auf solche Veröffentlichungen der math.-naturw. Klasse, welche früher im Verlag von Carl Winters Universitätsbuchhandlung in Heidelberg erschienen sind, nimmt auch der Verlag Walter de Gruyter & Co., Berlin, entgegen.

Sitzungsberichte
der Heidelberger Akademie der Wissenschaften
Stiftung Heinrich Lanz
Mathematisch-naturwissenschaftliche Klasse
Jahrgang 1927. 9. Abhandlung.

Über die Eindeutigkeit der Integrale eines Systems gewöhnlicher Differentialgleichungen und die Konvergenz einer Gattung von Verfahren zur Approximation dieser Integrale

Von

Max Müller
in Heidelberg

Vorgelegt von Herrn Liebmann
in der Sitzung vom 19. Mai 1927

Berlin und Leipzig 1927
Walter de Gruyter & Co.
vormals G. J. Göschen'sche Verlagshandlung / J. Guttentag, Verlagsbuchhandlung / Georg Reimer / Karl J. Trübner / Veit & Comp.

Über die Eindeutigkeit der Integrale eines Systems gewöhnlicher Differentialgleichungen und die Konvergenz einer Gattung von Verfahren zur Approximation dieser Integrale.

§ 1. Problemstellung und Ergebnisse.

Die Funktionen $f_i(x, y_1, \ldots, y_n)$ $(i = 1, 2, \ldots, n)$ seien in dem durch die Ungleichungen

$$x_0 - a_1 \leqq x \leqq x_0 + a_2, \quad -\infty < y_i < \infty \quad (i = 1, 2, \ldots, n;\ a_1 \geqq 0, a_2 \geqq 0)$$

definierten Bereich $\mathfrak{B}(a_1, a_2)$ gleichmäßig stetig und gleichmäßig beschränkt:

$$(1) \qquad |f_i(x, y_1, \ldots, y_n)| \leqq M \qquad (i = 1, 2, \ldots, n).$$

Wir suchen Systeme von im Intervall $\langle x_0 - a_1, x_0 + a_2 \rangle$ stetigen Integralen

$$(2) \qquad y_1(x), \ldots, y_n(x)$$

des Differentialgleichungssystems

$$(3) \qquad y_i' = f_i(x, y_1, \ldots, y_n) \qquad (i = 1, 2, \ldots, n),$$

die den Nebenbedingungen

$$(4) \qquad y_i(x_0) = y_{i0} \qquad (i = 1, 2, \ldots, n)$$

genügen.

Der Fall, daß die Funktionen f_i nur in einem endlichen Bereich

$$x_0 - a_1 \leqq x \leqq x_0 + a_2, \qquad |y_i - y_{i0}| \leqq b \qquad (i = 1, 2, \ldots, n)$$

definiert und stetig sind, läßt sich, indem man nötigenfalls die Zahlen a_1 und a_2 kleiner wählt, leicht auf den hier formulierten zurückführen und braucht nicht besonders berücksichtigt zu werden.

Nachdem in einer früheren Arbeit[1]) das Picardsche Verfahren der sukzessiven Approximation der Integrale (2) genauer auf seine Konvergenz und Divergenz untersucht worden ist, stellen wir uns jetzt die entsprechende Aufgabe für die Methode der Cauchyschen Polygonzüge. Die Untersuchung läßt sich sofort in einem viel weiteren Rahmen für eine ganze Gattung von Verfahren zur Annäherung der Integrale (2)

[1]) Max Müller, Über das Fundamentaltheorem in der Theorie der gewöhnlichen Differentialgleichungen. Math. Zeitschrift 26, 1927, S. 619—645. Kapitel I.

durchführen, die als Spezialfall unter anderem die Methode der CAUCHYschen Polygonzüge enthält. Die mittels der Verfahren unserer Gattung gewonnenen Näherungsfunktionen konvergieren immer dann gleichmäßig gegen die Integrale (2), wenn dieselben die einzigen des Systems (3) mit den Anfangswerten (4) sind (§§ 2, 3). Dieses Ergebnis gibt Veranlassung, in §§ 4—9 die bisher bekannt gewordenen Einzigkeitskriterien zusammenzustellen und dabei namentlich von Herrn TONELLI[2]) gefundene, bisher nur für $n = 1$ bewiesene Sätze auf ein beliebiges n zu verallgemeinern. Beim Beweis des ersten der Sätze des Herrn TONELLI (§ 5) wird außerdem die Verwendung der LEBESGUEschen Integraltheorie durch eine etwas längere, aber ganz elementare Beweisführung umgangen.

In § 10 wird eine Differentialgleichung konstruiert, bei der die CAUCHYschen Polygonzüge nur bei besonderer Auswahl gegen ein Integral konvergieren. Das Beispiel ist so gewählt, daß bei ihm die Methode der sukzessiven Approximationen konvergiert. Da ich in meiner genannten Arbeit eine Differentialgleichung angegeben habe, bei welcher die PICARDsche Methode divergiert, aber nach den jetzt erhaltenen Ergebnissen die CAUCHYschen Polygonzüge konvergieren, ist damit festgestellt, daß die Konvergenzfelder der Methoden von CAUCHY und Herrn PICARD nicht identisch sind und keines im anderen enthalten ist.

§ 11 beschäftigt sich mit der Methode der CAUCHYschen Polygonzüge in der bekannten Form, bei der die Lipschitz-Bedingung erfüllt ist. Der Beweis von CAUCHY und LIPSCHITZ ist zwar recht elementar, aber auch recht lang.[3]) Deshalb ist man in neuerer Zeit im Anschluß an Herrn DE LA VALLÉE POUSSIN zu einer von der klassischen abweichenden Darstellung übergegangen, bei welcher der Konvergenzbeweis mittels der Abschätzungen für die Differenz der Integrale benachbarter Differential-, bzw. besser Deriviertengleichungssysteme erbracht wird.[4]) Die von den genannten Autoren verwendete Ungleichung

---

[2]) L. TONELLI, Sull' unicità della soluzione di un' equazione differenziale ordinaria. Atti della R. Accademia nazionale dei Lincei 1925. Rendiconti, classe di scienze fisiche, matematiche e naturali (6), 1, 1925, S. 272—277.

[3]) Vgl. etwa die Darstellung in SERRET-SCHEFFERS, Lehrbuch der Differential- und Integralrechnung, Bd. III, (4. und 5. Aufl., Leipzig und Berlin, B. G. Teubner) 1914, S. 43—59.

[4]) Ch.-J. DE LA VALLÉE POUSSIN, Cours d'analyse infinitésimale, t. II, (2. Aufl., Paris, Gauthier-Villars) 1912, S. 181—185. L. SCHLESINGER, Einführung in die Theorie der gewöhnlichen Differentialgleichungen auf funktionentheoretischer Grundlage, (3. Aufl., Berlin und Leipzig, de Gruyter & Co.) 1922, S. 5—13.

$$| Y_i(x) - Z_i(x) | \leq \frac{n\delta\,|x-x_0|}{1-nK|x-x_0|} \qquad (i=1,2,\ldots,n)$$

(wegen der Bezeichnungen siehe § 11) kann zwar in wenigen Zeilen gewonnen werden, hat aber den Nachteil, daß in der Begrenzung ihres Gültigkeitsbereichs

$$|x-x_0| \leq \mathrm{Min}\left(a_1, a_2, \frac{1-\varepsilon}{nK}\right) \qquad (\varepsilon > 0, \text{ beliebig klein})$$

die Konstante K der Lipschitz-Bedingung auftritt; im allgemeinen ergibt sich deshalb ein kleinerer Bereich gesicherter Konvergenz der Polygone gegen die Integrale (2) als bei der klassischen Darstellung. Dieser Mißstand verschwindet bei Verwendung der günstigeren Ungleichung

$$| Y_i(x) - Z_i(x) | \leq \frac{\delta}{nK}\left(e^{nK|x-x_0|}-1\right) \qquad (i=1,2,\ldots,n),$$

die aber bisher[5]) nicht in der wünschenswerten Kürze bewiesen wurde. Diese zweite Abschätzung kann man, wie wir zeigen wollen, mittels vollständiger Induktion im Kontinuum[6]) rasch bestätigen und damit den Beweis des Herrn de la Vallée Poussin so ausgestalten, daß er ebenfalls den fundamentalen Existenzsatz in der klassischen Form liefert, und zwar auf einem Wege, der von keinem anderen Beweis an Kürze und Einfachheit übertroffen werden dürfte.

§ 2. Der allgemeine Konvergenzsatz.

1. Wir betrachten die Gattung derjenigen Verfahren zur näherungsweisen Berechnung der Integrale (2) des Differentialgleichungssystems (3) mit den Anfangswerten (4), die zu jeder positiven Zahl σ ein System von im Intervall $\langle x_0 - a_1, x_0 + a_2\rangle$ stetigen und mit vorwärts- und rück-

[5]) O. Hölder, Abschätzungen in der Theorie der Differentialgleichungen. Mathematische Abhandlungen Hermann Amandus Schwarz zu seinem fünfzigjährigen Doktorjubiläum am 6. August 1914 gewidmet von Freunden und Schülern, (Berlin, J. Springer), 1914, S. 116—132. L. Bieberbach, Theorie der Differentialgleichungen (Berlin, J. Springer) 1923, S. 36f. Der erste Höldersche Beweis benutzt die Cauchysche Polygonzugmethode selbst, der Bieberbachsche das Verfahren der sukzessiven Approximationen; bei Herrn Bieberbach steht zwar eine etwas weniger scharfe Abschätzung, doch kann die Ungleichung des Textes sofort aus den dortigen Entwicklungen abgelesen werden. Im Grundgedanken stimmt der zweite Höldersche Beweis mit unserem überein, doch dürfte die hier gegebene Ausführung noch kürzer sein.

[6]) Wegen dieser Schlußweise vgl. O. Perron, Die vollständige Induktion im Kontinuum, Jahresber. d. Deutschen Mathematiker-Vereinigung 35, 1926, S. 194 bis 203.

wärtsgenommenen Differentialquotienten ausgestatteten Funktionen

$$y_{1\sigma}(x), \ldots, y_{n\sigma}(x)$$

liefern, das die Nebenbedingung $y_{i\sigma}(x_0) = y_{i0}$ $(i = 1, 2, \ldots, n)$ befriedigt und das System (3) bis auf einen Fehler erfüllt, dessen absoluter Betrag nicht größer als σ ist, das also im Intervall $\langle x_0 - a_1, x_0 + a_2 \rangle$ den Ungleichungen

$$(5) \qquad | D_{\pm} y_{i\sigma}(x) - f_i(x, y_{1\sigma}(x), \ldots, y_{n\sigma}(x)) | \leqq \sigma \qquad (i = 1, 2, \ldots, n)$$

genügt.

Die Menge aller von einem solchen Verfahren gelieferten Systeme von Näherungsfunktionen bezeichnen wir mit $\mathfrak{F}$, die Teilmenge der Systeme, die (5) befriedigen, mit $\mathfrak{F}_\sigma$.

Schon G. PEANO[7]) hat im Grunde genommen folgenden Satz bewiesen:

Satz 1: Aus der Funktionenmenge $\mathfrak{F}$ kann man eine Folge von Funktionensystemen

$$y_{1\sigma_\nu}(x), \ldots\ldots, y_{n\sigma_\nu}(x) \qquad \left(\sigma_1 > \sigma_2 > \ldots > \sigma_\nu > \ldots, \ \lim_{\nu \to \infty} \sigma_\nu = 0\right)$$

auswählen, die im Intervall $\langle x_0 - a_1, x_0 + a_2 \rangle$ gleichmäßig gegen ein Integralsystem (2) des Differentialgleichungssystems (3) mit den Ausgangswerten (4) konvergiert.

Den Beweis für Satz 1 gliedern wir in einzelne Abschnitte (Nr. 2—5).

2. Aus (5) und (1) folgt:

$$-(M + \sigma) \leqq D_{\pm} y_{i\sigma}(x) \leqq M + \sigma \qquad (i = 1, 2, \ldots, n),$$

und hieraus für $x_0 - a_1 \leqq x_1 < x_2 \leqq x_0 + a_2$ nach einem Hilfssatz des Herrn PERRON[8]):

$$-(M + \sigma) \, | x_2 - x_1 | \leqq y_{i\sigma}(x_2) - y_{i\sigma}(x_1) \leqq (M + \sigma) \, | x_2 - x_1 | \qquad (i = 1, 2, \ldots, n).$$

Uns interessieren nun nur Funktionensysteme, bei welchen σ beliebig klein wird; also können wir annehmen, daß σ beschränkt bleibt:

$$0 < \sigma \leqq \sigma_0.$$

---

[7]) G. PEANO, Démonstration de l'intégrabilité des équations différentielles ordinaires. Mathematische Annalen 37, 1890, S. 182—228. Vgl. auch: G. MIE, Beweis der Integrierbarkeit gewöhnlicher Differentialgleichungssysteme nach Peano. Ebenda 43, 1893, S. 553—568.

[8]) Mathematische Annalen 76, 1915, S. 474, Fußnote.

Dann ist erst recht

$$(6)\quad -(M+\sigma_0)\,|\,x_2-x_1\,| \leq y_{i\sigma}(x_2)-y_{i\sigma}(x_1) \leq (M+\sigma_0)\,|\,x_2-x_1\,| \quad (i=1, 2, \ldots, n).$$

Insbesondere ergibt sich für $x_2=x$, $x_1=x_0$:

$$y_{i0}-(M+\sigma_0)\,|\,x-x_0\,| \leq y_{i\sigma}(x) \leq y_{i0}+(M+\sigma_0)\,|\,x-x_0\,| \quad (i=1, 2, \ldots, n).$$

Die Funktionen der Menge $\mathfrak{F}_{\sigma_0}$ sind also gleichgradig stetig und gleichmäßig beschränkt.

Zu jeder Zahl σ_ν gibt es unendlich viele Lösungssysteme von (5); von diesen denken wir uns irgendeines ausgewählt und festgehalten; wir bezeichnen es mit $y_{1\nu}(x), \ldots, y_{n\nu}(x)$.

Ist $\sigma_0 > \sigma_1 > \sigma_2 > \ldots > \sigma_\nu > \sigma_{\nu+1} > \ldots$, $\lim\limits_{\nu\to\infty} \sigma_\nu = 0$, so bekommen wir eine Folge von Lösungssystemen

$$(7)\qquad \{\, y_{1\nu}(x), \ldots, y_{n\nu}(x) \,\},$$

deren Funktionen $y_{i\nu}(x)$ $(i=1, 2, \ldots, n)$ gleichgradig stetig und gleichmäßig beschränkt sind.

3. Es sei $x_1, x_2, \ldots$ eine das Intervall $\langle x_0-a_1, x_0+a_2\rangle$ überall dicht bedeckende abzählbare Punktfolge, die insbesondere die Punkte x_0-a_1 und x_0+a_2 enthält. Dann können wir aus der Folge (7) eine Teilfolge

$$(8)\qquad \{\, y_{1\nu_k}(x), \ldots, y_{n\nu_k}(x) \,\}$$

aussondern, die in allen Punkten dieser überall dichten Punktfolge konvergiert.

In der Tat: Da die Zahlen $y_{i\nu}(x_1)$ $(i=1, 2, \ldots, n)$ nach Nr. 2 beschränkt sind, läßt sich eine Indexfolge $\{\nu_{1k}\}$ derart finden, daß die n Zahlenfolgen

$$\{\, y_{1\nu_{1k}}(x_1) \,\}, \ldots\ldots, \{\, y_{n\nu_{1k}}(x_1) \,\}$$

konvergieren. Da die Zahlen $y_{i\nu_{1k}}(x_2)$ $(i=1, 2, \ldots, n)$ ebenfalls beschränkt sind, läßt sich aus der Folge $\{\nu_{1k}\}$ eine Teilfolge $\{\nu_{2k}\}$ derart herausheben, daß die n Zahlenfolgen

$$\{\, y_{1\nu_{2k}}(x_2) \,\}, \ldots, \{\, y_{n\nu_{2k}}(x_2) \,\}$$

konvergieren, wobei dann

$$\lim_{\nu_{2k}\to\infty} y_{i\nu_{2k}}(x_1) = \lim_{\nu_{1k}\to\infty} y_{i\nu_{1k}}(x_1) \quad (i=1, 2, \ldots, n).$$

So kann man fortfahren und dabei zu einer Funktionensystemfolge

$$\{\, y_{1\nu_{\lambda k}}(x), \ldots, y_{n\nu_{\lambda k}}(x) \,\}$$

gelangen, die in den Punkten $x_1, x_2, \ldots, x_\lambda$ konvergiert. Dann konvergieren die Diagonalfolgen

$$y_{i\nu_{11}}(x), y_{i\nu_{22}}(x), \ldots, y_{i\nu_{kk}}(x), \ldots \quad (i=1, 2, \ldots, n),$$

für welche wir auch einfach

$$y_{i\nu_1}(x), y_{i\nu_2}(x), \ldots, y_{i\nu_k}(x), \ldots \quad (i = 1, 2, \ldots, n)$$

schreiben wollen, in allen Punkten der überall dichten Punktmenge; und zwar ist

$$\lim_{\nu_k \to \infty} y_{i\nu_k}(x_\lambda) = \lim_{\nu_{\lambda k} \to \infty} y_{i\nu_{\lambda k}}(x_\lambda) \quad (i = 1, 2, \ldots, n).$$

4. In Wahrheit konvergiert die Folge (8) überall im Intervall $\langle x_0 - a_1, x_0 + a_2 \rangle$, und zwar gleichmäßig: Sei $\varepsilon > 0$; dann können wir aus der Punktmenge $x_1, x_2, \ldots$ eine endliche Menge wachsender Zahlen

$$x_0 - a_1 = X_0 < X_1 < \ldots < X_\pi < X_{\pi+1} < \ldots < X_p = x_0 + a_2$$

herausgreifen, die so dicht liegen, daß

$$(9) \qquad X_{\pi+1} - X_\pi < \frac{\varepsilon}{3(M + \sigma_0)} \qquad (\pi = 0, 1, 2, \ldots, p-1).$$

In jedem der $p+1$ Punkte X_π konvergiert die Folge (8), also gibt es eine Zahl $N(\varepsilon)$ derart, daß

$$(10) \qquad | y_{i\nu_{k+m}}(X_\pi) - y_{i\nu_k}(X_\pi) | < \frac{\varepsilon}{3} \qquad \begin{pmatrix} i = 1, 2, \ldots, n; \\ m = 1, 2, 3, \ldots, \\ \pi = 0, 1, 2, \ldots, p-1 \end{pmatrix}$$

für $\nu_k > N(\varepsilon)$. Ist x eine beliebige Stelle des Intervalles $\langle x_0 - a_1, x_0 + a_2 \rangle$, so gibt es auch einen Index π derart, daß

$$X_\pi \leqq x \leqq X_{\pi+1};$$

für diese Stelle x ergibt sich dann nach (6), (9) und (10)

$$\begin{aligned} &| y_{i\nu_{k+m}}(x) - y_{i\nu_k}(x) | \\ &\leqq | y_{i\nu_{k+m}}(x) - y_{i\nu_{k+m}}(X_\pi) | + | y_{i\nu_{k+m}}(X_\pi) - y_{i\nu_k}(X_\pi) | \\ &\qquad + | y_{i\nu_k}(X_\pi) - y_{i\nu_k}(x) | \\ &< \frac{\varepsilon}{3} + \frac{\varepsilon}{3} + \frac{\varepsilon}{3} = \varepsilon. \qquad (i = 1, 2, \ldots, n). \end{aligned}$$

Diese Abschätzung besagt die gleichmäßige Konvergenz der Folge (8) im Intervall $\langle x_0 - a_1, x_0 + a_2 \rangle$. Da die Funktionen der Menge $\mathfrak{F}$ stetig sind, sind auch die Grenzfunktionen

$$(11) \qquad \lim_{\nu_k \to \infty} y_{i\nu_k}(x) = y_i(x) \qquad (i = 1, 2, \ldots, n)$$

im Intervall $\langle x_0 - a_1, x_0 + a_2 \rangle$ stetig.

Das Ergebnis dieses Abschnittes formulieren wir noch besonders in

Satz 2. *Konvergiert eine Folge von Systemen der Menge $\mathfrak{F}_{\sigma_0}$ auf einer das Intervall $\langle x_0 - a_1, x_0 + a_2 \rangle$ überall dicht bedeckenden, insbesondere seine Endpunkte enthaltenden Punktmenge, so konvergiert sie im ganzen Intervall, und zwar gleichmäßig.*

5. Aus der Ungleichung

$$-\sigma_{\nu_k} \leqq D_{\pm} y_{i\nu_k}(x) - f_i(x, y_{1\nu_k}(x), \ldots, y_{n\nu_k}(x)) \leqq \sigma_{\nu_k} \qquad (i = 1, 2, \ldots, n)$$

folgt mit Verwendung des PERRONschen Hilfssatzes[8])

$$-\sigma_{\nu_k}|x - x_0| \leqq y_{i\nu_k}(x) - y_{i0} - \int_{x_0}^{x} f_i(t, y_{1\nu_k}(t), \ldots, y_{n\nu_k}(t))\,dt \leqq \sigma_{\nu_k}|x - x_0|$$

und hieraus wegen $\lim\limits_{\nu_k \to \infty} \sigma_{\nu_k} = 0$ und der Gleichmäßigkeit des Grenzüberganges (11), daß

$$y_i(x) = y_{i0} + \int_{x_0}^{x} f_i(t, y_1(t), \ldots, y_n(t))\,dt \qquad (i = 1, 2, \ldots, n);$$

die Funktionen (11) genügen also den Differentialgleichungen (3) und den Nebenbedingungen (4). Damit ist Satz 1 bewiesen.

6. Satz 3. Hat das Differentialgleichungssystem (3) im Intervall $\langle x_0 - a_1, x_0 + a_2 \rangle$ nur ein System stetiger Integrale (2) mit den Ausgangswerten (4), so konvergieren die Funktionensysteme der Menge $\mathfrak{F}_\sigma$ für $\sigma \to 0$ gleichmäßig gegen das Integralsystem (2).

Beweis: Nehmen wir an, die Aussage des Satzes 3 sei falsch. Dann ist zunächst denkbar, daß wohl die Funktionen

$$(12) \qquad \lim_{\sigma \to 0} y_{i\sigma}(x) = Y_i(x) \qquad (i = 1, 2, \ldots, n)$$

existieren, daß aber der Grenzübergang nicht gleichmäßig ist; doch ist dies nach Satz 2 unmöglich. Es bleibt nur noch die Möglichkeit, daß die Grenzfunktionen (12) überhaupt nicht existieren.

Da die Funktionen der Menge $\mathfrak{F}_{\sigma_0}$ nach Nr. 2 gleichmäßig beschränkt sind, sind sicher die Funktionen

$$\left.\begin{aligned} \underline{y}_i(x) &= \liminf_{\sigma \to 0} y_{i\sigma}(x) \\ \bar{y}_i(x) &= \limsup_{\sigma \to 0} y_{i\sigma}(x) \end{aligned}\right\} \quad (i = 1, 2, \ldots, n)$$

im Intervall $\langle x_0 - a_1, x_0 + a_2 \rangle$ vorhanden, und es gibt mindestens eine Stelle $x = x_*$ im Intervall und mindestens einen Index $i = \lambda$ derart, daß

$$(13) \qquad \underline{y}_\lambda(x_*) < \bar{y}_\lambda(x_*).$$

Wir können eine Folge positiver monoton gegen Null abnehmender Zahlen $\{\sigma_{\underline{\nu}_{*k}}\}$ derart angeben, daß für die zugehörigen Systeme aus $\mathfrak{F}$

$$\lim_{\underline{\nu}_{*k} \to \infty} y_{\lambda\underline{\nu}_{*k}}(x_*) = \underline{y}_\lambda(x_*),$$

---

[8]) Siehe S. 6 unten.

und ebenso eine Folge positiver monoton gegen Null abnehmender Zahlen $\{\sigma_{\bar{\nu}_{*k}}\}$ derart, daß für die zugehörigen Systeme aus $\mathfrak{F}$

$$\lim_{\bar{\nu}_{*k}\to\infty} y_{\lambda\bar{\nu}_{*k}}(x_*) = \bar{y}_\lambda(x_*).$$

Jede der Funktionensystemfolgen

$$\{y_{1\underline{\nu}_{*k}}(x), \ldots, y_{n\underline{\nu}_{*k}}(x)\}$$

und

$$\{y_{1\bar{\nu}_{*k}}(x), \ldots, y_{n\bar{\nu}_{*k}}(x)\}$$

können wir behandeln wie die Folge (7) aus Nr. 2, nämlich aus ihr eine Teilfolge

$$y_{i\underline{\nu}_1}(x), y_{i\underline{\nu}_2}(x), \ldots, y_{i\underline{\nu}_k}(x), \ldots \qquad (i = 1, 2, \ldots, n),$$

bzw.

$$y_{i\bar{\nu}_1}(x), y_{i\bar{\nu}_2}(x), \ldots, y_{i\bar{\nu}_k}(x), \ldots \qquad (i = 1, 2, \ldots, n)$$

herausheben, die im Intervall $\langle x_0 - a_1, x_0 + a_2\rangle$ gleichmäßig gegen ein Grenzfunktionensystem

$$\lim_{\underline{\nu}_k\to\infty} y_{i\underline{\nu}_k}(x) = \underline{Y}_i(x) \qquad (i = 1, 2, \ldots, n), \tag{14}$$

bzw.

$$\lim_{\bar{\nu}_k\to\infty} y_{i\bar{\nu}_k}(x) = \overline{Y}_i(x) \qquad (i = 1, 2, \ldots, n) \tag{15}$$

konvergiert. Nach einer Bemerkung am Schluß von Nr. 3 und nach (13) ist dann insbesondere

$$\underline{Y}_\lambda(x_*) = \lim_{\underline{\nu}_k\to\infty} y_{\lambda\underline{\nu}_k}(x_*) = \lim_{\underline{\nu}_{*k}\to\infty} y_{\lambda\underline{\nu}_{*k}}(x_*) = \underline{y}_\lambda(x_*)$$

$$< \bar{y}_\lambda(x_*) = \lim_{\bar{\nu}_{*k}\to\infty} y_{\lambda\bar{\nu}_{*k}}(x_*) = \lim_{\bar{\nu}_k\to\infty} y_{\lambda\bar{\nu}_k}(x_*) = \overline{Y}_\lambda(x_*),$$

die Funktionensysteme (14) und (15) sind also voneinander verschieden. Jedes derselben erweist sich andererseits nach der in Nr. 5 für die Funktionen (11) auseinandergesetzten Schlußweise als Integralsystem des Differentialgleichungssystems (3) mit den Anfangswerten (4). Unsere Annahme führt also zu einem Widerspruch mit den Voraussetzungen und ist deshalb zu verwerfen. Satz 3 ist damit bewiesen.

§ 3. **Spezielle Fälle.**

Wir beschränken uns in diesem Paragraphen auf den Fall $x \geqq x_0$, da der Fall $x \leqq x_0$ leicht durch die Transformation $x = -\xi$ auf den ersten zurückgeführt werden kann.

I. Die CAUCHYschen Polygonzüge. CAUCHY und LIPSCHITZ verwenden die für alle möglichen Unterteilungen

$$\mathfrak{E}_k\colon\ x_0 < x_1 < x_2 < \ldots < x_\varkappa < x_{\varkappa+1} < \ldots < x_k = x_0 + a_2$$

des Intervalles $\langle x_0, x_0+a_2\rangle$ gebildeten Polygonzüge

$$(16)\quad \begin{cases} y_{ik}(x_0)=y_{i0}\ (i=1,2,\ldots,n), \\ y_{ik}(x)=y_{ik}(x_\varkappa)+f_i(x_\varkappa, y_{1k}(x_\varkappa),\ldots,y_{nk}(x_\varkappa))(x-x_\varkappa) \\ \text{für } x_\varkappa < x \leqq x_{\varkappa+1}\ (\varkappa=0,1,2,\ldots,k-1;\ i=1,2,\ldots,n). \end{cases}$$

Wir wollen zeigen, daß sie eine Menge $\mathfrak{F}$ bilden.

Zu jeder positiven Zahl σ gibt es nach Voraussetzung ein $\delta=\delta(\sigma)$ derart, daß in $\mathfrak{B}(a_1, a_2)$

$$(17)\quad |f_i(x, y_1,\ldots,y_n)-f_i(\xi,\eta_1,\ldots,\eta_n)|<\sigma \qquad (i=1,2,\ldots,n),$$

sobald nur

$$|x-\xi|<\delta(\sigma), \quad |y_\varrho-\eta_\varrho|<\delta(\sigma) \qquad (\varrho=1,2,\ldots,n).$$

Wählen wir die Unterteilung $\mathfrak{E}_k$ so fein, daß

$$x_{\varkappa+1}-x_\varkappa<\delta(\sigma), \quad M(x_{\varkappa+1}-x_\varkappa)<\delta(\sigma) \quad (\varkappa=0,1,2,\ldots,k-1),$$

so wird nach (16) für $x_\varkappa \leqq x \leqq x_{\varkappa+1}$ auch

$$|y_{\varrho k}(x)-y_{\varrho k}(x_\varkappa)| \leqq M(x-x_\varkappa) \leqq M(x_{\varkappa+1}-x_\varkappa)<\delta(\sigma) \quad (\varrho=1,2,\ldots,n)$$

und damit nach (17)

$$(18)\quad |f_i(x_\varkappa, y_{1k}(x_\varkappa),\ldots,y_{nk}(x_\varkappa))-f_i(x, y_{1k}(x),\ldots,y_{nk}(x))|<\sigma \qquad (i=1,2,\ldots,n).$$

Nun ist nach (16)

$$\begin{aligned} D_\pm\, y_{ik}(x) &= f_i(x_\varkappa, y_{1k}(x_\varkappa),\ldots,y_{nk}(x_\varkappa)), \text{ falls } x_\varkappa<x<x_{\varkappa+1}, \\ D_+ y_{ik}(x_\varkappa) &= f_i(x_\varkappa, y_{1k}(x_\varkappa),\ldots,y_{nk}(x_\varkappa)), \\ D_- y_{ik}(x_\varkappa) &= f_i(x_{\varkappa-1}, y_{1k}(x_{\varkappa-1}),\ldots,y_{nk}(x_{\varkappa-1})), \end{aligned}$$

also nach (18)

$$\begin{aligned} &|D_\pm\, y_{ik}(x)-f_i(x, y_{1k}(x),\ldots,y_{nk}(x))| \\ \leqq\ &|D_\pm\, y_{ik}(x)-f_i(x_\varkappa, y_{1k}(x_\varkappa),\ldots,y_{nk}(x_\varkappa))| \\ &+|f_i(x_\varkappa, y_{1k}(x_\varkappa),\ldots,y_{nk}(x_\varkappa))-f_i(x, y_{1k}(x),\ldots,y_{nk}(x))| \\ <\ &\sigma \text{ für } x_\varkappa<x<x_{\varkappa+1} \quad (i=1,2,\ldots,n), \end{aligned}$$

$$|D_+\, y_{ik}(x_\varkappa)-f_i(x_\varkappa, y_{1k}(x_\varkappa),\ldots,y_{nk}(x_\varkappa))| = 0 < \sigma \qquad (i=1,2\ldots,n),$$

$$\begin{aligned} &|D_-\, y_{ik}(x_\varkappa)-f_i(x_\varkappa, y_{1k}(x_\varkappa),\ldots,y_{nk}(x_\varkappa))| \\ \leqq\ &|D_- y_{ik}(x_\varkappa)-f_i(x_{\varkappa-1}, y_{1k}(x_{\varkappa-1}),\ldots,y_{nk}(x_{\varkappa-1}))| \\ &+|f_i(x_{\varkappa-1}, y_{1k}(x_{\varkappa-1}),\ldots,y_{nk}(x_{\varkappa-1}))-f_i(x_\varkappa, y_{1k}(x_\varkappa),\ldots,y_{nk}(x_\varkappa))| \\ <\ &\sigma \quad (i=1,2\ldots,n). \end{aligned}$$

Die Polygonzüge (16) erfüllen also alle an eine Menge $\mathfrak{F}$ gestellten Anforderungen; wir können demnach folgendes festhalten:

Satz 4. Die CAUCHY-LIPSCHITZschen Polygonzüge (16) konvergieren gleichmäßig gegen das Integralsystem (2) des Differentialgleichungssystems (3) mit den Anfangswerten (4), wenn das System (3) nur ein einziges solches Integralsystem hat.

Für die Polygonzüge (16) ist Satz 1 bereits von PEANO[7]), ARZELA[9]), Herrn MONTEL[10]) und Herrn PERRON[11]) bewiesen worden.

II. Die von der Methode der approximativen Polynome gelieferten Funktionen.[12]) Nach WEIERSTRASS gibt es n Folgen von ganzen rationalen Funktionen in $x, y_1, .., y_n$ oder auch von ganzen rationalen Funktionen in $y_1, .., y_n$ mit von x stetig abhängenden Koeffizienten $\{p_{i\lambda}(x, y_1, .., y_n)\}$ $(i = 1, 2, .., n)$ derart, daß in dem durch die Ungleichungen

$$x_0 - a_1 \leqq x \leqq x_0 + a_2, \qquad |y_i - y_{i0}| \leqq (M + \sigma_0)\, Max\, (a_1, a_2) \quad (i = 1, 2, .., n)$$

definierten Bereich gleichmäßig

$$|f_i(x, y_1, .., y_n) - p_{i\lambda}(x, y_1, ..., y_n)| < \sigma \leqq \sigma_0 \quad (i = 1, 2, .., n),$$

sobald $\lambda > \Lambda(\sigma)$. Die Lösungen der Differentialgleichungssysteme

$$y'_{i\lambda}(x) = p_{i\lambda}(x, y_{1\lambda}(x), .., y_{n\lambda}(x)) \quad (i = 1, 2, ..., n;\ \lambda = 1, 2, 3, ...)$$

mit den Anfangswerten $y_{i\lambda}(x_0) = y_{i0}$ $(i = 1, 2, ..., n;\ \lambda = 1, 2, 3, ...)$ existieren im ganzen Intervall $\langle x_0 - a_1, x_0 + a_2\rangle$ und bilden eine Menge $\mathfrak{F}$, denn es ist

$$\left|\frac{dy_{i\lambda}(x)}{dx} - f_i(x, y_{1\lambda}(x), ..., y_{n\lambda}(x))\right|$$
$$\leqq \left|\frac{dy_{i\lambda}(x)}{dx} - p_{i\lambda}(x, y_{1\lambda}(x), .., y_{n\lambda}(x))\right| + |p_{i\lambda}(x, y_{1\lambda}(x), .., y_{n\lambda}(x)) - f_i(x, y_{1\lambda}(x), .., y_{n\lambda}(x))|$$
$$< \sigma \quad (i = 1, 2, .., n).$$

Für diese spezielle Menge $\mathfrak{F}$ habe ich a. a. O. Satz 1 bewiesen.

III. Eine Menge $\mathfrak{F}$ bilden auch die von Herrn H. KNESER[13]) benutzten Parabelpolygone

$$y_{ik}(x_0) = y_{i0} \quad (i = 1, 2, ..., n),$$
$$y_{ik}(x) = y_{ik}(x_\varkappa) + f_i(x_\varkappa, y_{1k}(x_\varkappa), .., y_{nk}(x_\varkappa))(x - x_\varkappa) + a_{ik\varkappa}(x - x_\varkappa)^2$$
$$\text{für } x_\varkappa < x \leqq x_{\varkappa+1} \quad (\varkappa = 0, 1, 2, ..., k-1;\ i = 1, 2, .., n),$$

---

[7]) Siehe S. 6 unten.

[9]) C. ARZELÀ, Sull'integrabilità delle equazioni differenziali ordinarie. Memorie della R. Accademia delle scienze dell' Istituto di Bologna (5), 5, 1895, S. 257—270; Sull' esistenza degli integrali nelle equazioni differenziali ordinarie. Ebenda (5), 6, 1896, S. 131—140.

[10]) P. MONTEL, Sur les suites infinies de fonctions. Annales scientifiques de l'école normale supérieure (3), 24, 1907, S. 233—334, besonders S. 264 ff.

[11]) O. PERRON, Ein neuer Existenzbeweis für die Integrale eines Systems gewöhnlicher Differentialgleichungen. Mathematische Annalen 78, 1918, S. 378—384.

[12]) Vgl. Kapitel II der in Fußnote [1]) genannten Arbeit.

[13]) H. KNESER, Über die Lösungen eines Systems gewöhnlicher Differentialgleichungen, das der LIPSCHITZschen Bedingung nicht genügt. Sitzungsberichte der Preußischen Akademie der Wissenschaften, phys.-math. Kl., 1923, S. 171—174.

bei denen die Koeffizienten $a_{ik\varkappa}$ der Einschränkung unterworfen sind:

$$|a_{ik\varkappa}| \leqq (x_{\varkappa+1} - x_\varkappa)^{-2} N(x_{\varkappa+1} - x_\varkappa),$$

wobei $N(s) \geqq 0$ für $s \geqq 0$ und

$$\lim_{s \to 0} \frac{N(s)}{s} = 0. \tag{19}$$

In der Tat ist hier, falls die Unterteilung $\mathfrak{E}_k$ so fein gewählt wird, daß

$$x_{\varkappa+1} - x_\varkappa < \delta\left(\frac{\sigma}{2}\right),\ M(x_{\varkappa+1} - x_\varkappa) < \delta\left(\frac{\sigma}{2}\right) \quad (\varkappa = 0, 1, 2, \ldots, k-1),$$

und, was nach (19) möglich ist, daß

$$\frac{N(x_{\varkappa+1} - x_\varkappa)}{x_{\varkappa+1} - x_\varkappa} < \frac{\sigma}{4} \quad (\varkappa = 0, 1, 2, \ldots, k-1),$$

wie den in Abschnitt I durchgeführten entsprechende Überlegungen zeigen, ebenfalls die Bedingung (5) erfüllt.

Diese Kneserschen Parabelpolygone und ebenso die von der Methode der approximativen Polynome gelieferten Funktionen[13a]) haben im Gegensatz zu den geradlinigen Polygonzügen von Cauchy die Eigenschaft, daß man bei geeigneter Auswahl mit ihnen jedes Integralsystem des Systems (3) mit den Anfangswerten (4) approximieren kann. Die unter II und III genannten Methoden divergieren also beide, falls mehr als ein solches Integralsystem existiert. Ihre Konvergenzfelder sind demnach bei stetigen Funktionen f_i miteinander identisch und im Konvergenzfeld der Methode von Cauchy-Lipschitz enthalten.

IV. Dagegen bilden die vom Verfahren der sukzessiven Approximationen gelieferten Funktionen im allgemeinen keine Menge $\mathfrak{F}$. Denn andernfalls müßte dieses Verfahren konvergieren, sobald nur ein Integral existiert, und dies ist nicht immer der Fall, wie wir in § 10 noch sehen werden.

§ 4. Ein Hilfssatz.

1. Satz 5. Die Funktionen $\omega_\nu(x)$ und $\Omega_\nu(x)$ $(\nu = 1, 2, .., n)$ sollen im Intervall $\langle x_0, x_0 + a_2\rangle$ stetig sein und die Anfangswerte

$$\omega_\nu(x_0) = \Omega_\nu(x_0) = y_{\nu 0} \quad (\nu = 1, 2, .., n)$$

haben. Es sollen die vor- und rückwärtsgenommenen Differentialquotienten $D_+\omega_\nu(x)$, $D_-\omega_\nu(x)$, $D_+\Omega_\nu(x)$, $D_-\Omega_\nu(x)$ vorhanden sein und den Ungleichungen

$$\left\{\begin{aligned} D_\pm\, \omega_\nu(x) &< \operatorname*{Min}_{T_\nu(x)} [f_\nu(x, y_1, .., y_n)], \\ D_\pm\, \Omega_\nu(x) &> \operatorname*{Max}_{T^*_\nu(x)} [f_\nu(x, y_1, .., y_n)], \end{aligned}\right. \quad (\nu = 1, 2, .., n) \tag{20}$$

[13a]) Vgl. die in Fußnote 22 auf S. 27 angekündigte Arbeit.

genügen, wobei die Bereiche $T_\nu(x)$, bzw. $T_\nu^*(x)$ $(\nu = 1, 2, .., n)$ definiert sind durch die Ungleichungen

$$T_\nu(x):\begin{cases} x = x, \\ y_\nu = \omega_\nu(x), \\ \omega_i(x) \leqq y_i \leqq \Omega_i(x) \quad (i = 1, 2, .., n;\ i \neq \nu), \end{cases}$$

bezw.

$$T_\nu^*(x):\begin{cases} x = x, \\ y_\nu = \Omega_\nu(x), \\ \omega_i(x) \leqq y_i \leqq \Omega_i(x) \quad (i = 1, 2, .., n;\ i \neq \nu). \end{cases}$$

Dann gilt für **jedes** Integralsystem (2) des Differentialgleichungssystems (3) mit den Anfangswerten (4) im Intervall $\langle x_0, x_0 + a_2\rangle$:

$$\omega_\nu(x) < y_\nu(x) < \Omega_\nu(x) \quad (\nu = 1, 2, .., n). \tag{21}$$

Wir wollen das durch die Ungleichungen

$$x_0 \leqq x \leqq x_0 + a_2,\ \omega_\nu(x) \leqq y_\nu \leqq \Omega_\nu(x) \quad (\nu = 1, 2, .., n)$$

definierte Gebiet ein „vollständiges Omegagebiet" nennen.

Zusatz: Ein entsprechender Satz gilt auch für $x_0 - a_1 \leqq x \leqq x_0$; dabei hat man die Ungleichungen (20) durch folgende zu ersetzen:

$$\left.\begin{aligned} D_{\pm}\,\omega_\nu(x) &> \operatorname*{Max}_{T_\nu(x)}[f_\nu(x, y_1, .., y_n)], \\ D_{\pm}\,\Omega_\nu(x) &< \operatorname*{Min}_{T_\nu^*(x)}[f_\nu(x, y_1, .., y_n)] \end{aligned}\right\} \quad (\nu = 1, 2, .., n).$$

Bemerkung: In den Ungleichungen (20) darf nicht Gleichheit zugelassen werden.[14]) Denn setzt man beispielsweise bei der Differentialgleichung $y' = \sqrt{|y|}$

$$\Omega(x) = \frac{x^2}{4},\ \omega(x) = \begin{cases} 0 \text{ für } 0 \leqq x \leqq a, \\ \dfrac{(x-a)^2}{4} \text{ für } x > a, \end{cases}$$

so ist

$$D_{\pm}\,\omega(x) = f(x, \omega(x)),\ D_{\pm}\,\Omega(x) = f(x, \Omega(x)),$$

aber das Integral $y(x) \equiv 0$ für $x > a$ nicht im Gebiet

$$\omega(x) \leqq y \leqq \Omega(x)$$

enthalten.

Beweis für Satz 5. Es sei $y_1(x), y_2(x), \ldots, y_n(x)$ irgendein System stetiger Integrale des Systems (3) mit den Anfangswerten (4). Dann ist

$$\left.\begin{aligned} D_+\,y_\nu(x_0) &= f_\nu(x_0, y_{10}, \ldots, y_{n0}), \\ D_+\,\omega_\nu(x_0) < f_\nu(x_0, y_{10}, &\ldots, y_{n0}) < D_+\,\Omega_\nu(x_0), \end{aligned}\right\} \quad (\nu = 1, 2, \ldots, n)$$

---

[14]) Dann gelten die Ungleichungen (21) mit Einschluß der Gleichheit immerhin mindestens noch für ein Integralsystem. Vgl. Kapitel III der in Fußnote [1]) genannten Arbeit.

also in einer gewissen rechtsseitigen Umgebung $\langle x_0, x_0+\delta\rangle$ der Stelle x_0 auch

$$\omega_\nu(x) < y_\nu(x) < \Omega_\nu(x) \qquad (\nu = 1, 2, \ldots, n).$$

Wären nun die Ungleichungen (21) nicht im ganzen Intervall $\langle x_0, x_0+a_2\rangle$ erfüllt, so gäbe es aus Stetigkeitsgründen eine Stelle $x = x_1$ mit folgenden Eigenschaften:

$$x_0+\delta < x_1 < x_0+a_2,$$
$$\omega_\nu(x) \leqq y_\nu(x) \leqq \Omega_\nu(x) \qquad \text{für } x_0 \leqq x \leqq x_1,\ \nu = 1, 2, \ldots, n,$$
$$\omega_\lambda(x_1) = y_\lambda(x_1) \text{ oder } y_\lambda(x_1) = \Omega_\lambda(x_1)$$

für mindestens einen Index $\nu = \lambda$.

Verfolgen wir die erste Möglichkeit: Ist $0 < h < \delta$, so ist

$$\omega_\lambda(x_1) = y_\lambda(x_1),$$
$$\omega_\lambda(x_1-h) \leqq y_\lambda(x_1-h),$$

also auch

$$D_- y_\lambda(x_1) \leqq D_- \omega_\lambda(x_1) < \underset{T_\lambda(x_1)}{\mathrm{Min}} [f_\lambda(x_1, y_1, \ldots, y_n)]$$
$$= \underset{\substack{\omega_i(x_1) \leqq y_i \leqq \Omega_i(x_1),\\ i=1,2,\ldots,n;\ i \neq \lambda}}{\mathrm{Min}} [f_\lambda(x_1, y_1, \ldots, y_{\lambda-1}, y_\lambda(x_1), y_{\lambda+1}, \ldots, y_n)]$$
$$\leqq f_\lambda(x_1, y_1(x_1), \ldots, y_n(x_1)),$$

während doch im Widerspruch hierzu

$$D_- y_\lambda(x_1) = f_\lambda(x_1, y_1(x_1), \ldots, y_n(x_1))$$

sein muß. Ebenso führt die Verfolgung der zweiten Möglichkeit $y_\lambda(x_1) = \Omega_\lambda(x_1)$ auf einen Widerspruch.

Ein vollständiges Omegagebiet wird beispielsweise für jedes $\varepsilon > 0$ durch die Ungleichungen

$$x_0 \leqq x \leqq x_0+a_2, \qquad |y_\nu - y_{\nu 0}| \leqq (M+\varepsilon)\,|x-x_0| \qquad (\nu = 1, 2, \ldots, n)$$

abgegrenzt.

2. Aus Satz 5 folgt sofort

Satz 6. *Dafür, daß das Differentialgleichungssystem (3) nur ein einziges Integralsystem (2) mit den Anfangswerten (4) hat, ist hinreichend, daß es zu jeder positiven Zahl ε ein vollständiges Omegagebiet gibt, für welches*

$$0 \leqq \Omega_\nu(x) - \omega_\nu(x) \leqq \varepsilon \qquad (\nu = 1, 2, \ldots, n).$$

Für $n = 1$ findet sich dieser Satz schon bei Herrn T. Yosie.[15])

Satz 7. *Für $n = 1$ ist die Bedingung des Satzes 6 auch notwendig.*[15])

---

[15]) T. Yosie, Über die Unität der Lösung der gewöhnlichen Differentialgleichungen erster Ordnung. Japanese Journal of Mathematics 2, 1925, S. 161—173.

Beweis: Gäbe es nicht zu jeder positiven Zahl ε ein vollständiges Omegagebiet derart, daß

$$0 \leqq \Omega_1(x) - \omega_1(x) \leqq \varepsilon,$$

so wären auch die Funktionen

$$\omega^*(x) = \limsup \omega_1(x) \quad \text{und} \quad \Omega^*(x) = \liminf \Omega_1(x)$$

nicht identisch, also nach Herrn PERRONS Untersuchungen[16]) das Minimalintegral $\omega^*(x)$ vom Maximalintegral $\Omega^*(x)$ verschieden, also nicht nur ein einziges Integral vorhanden.

Für $n > 1$ ist eine hinreichende und zugleich notwendige Bedingung für die Eindeutigkeit des Integralsystems (2) noch nicht bekannt.

§ 5. Erster Eindeutigkeitssatz des Herrn Tonelli.

1. Satz 8. Es sei $\omega(u)$ stetig für

$$0 \leqq u \leqq \underset{x_0 \leqq x \leqq x_0 + a_2}{\text{Max}} \left(\underset{i=1,\ldots,n}{\text{Max}} \{ \Omega_i(x) - \omega_i(x) \} \right),$$

$\omega(0) = 0$, $\omega(u) > 0$ für $u > 0$,

$$\lim_{\varepsilon \to +0} \int_{\varepsilon}^{u_0} \frac{du}{\omega(u)} = +\infty \qquad (0 < \varepsilon < u_0). \tag{22}$$

Ferner sei $\varphi(x)$ im Intervall $\langle x_0, x_0 + a_2 \rangle$ reell und so beschaffen, daß in jedem Teilintervall $x_1 \leqq x \leqq x_0 + a_2$, wo $x_0 < x_1$, das Integral

$$\int_{x_1}^{x_0 + a_2} \varphi(x)\, dx$$

im Sinne von RIEMANN-DE LA VALLÉE POUSSIN[17]) existiert und für $x_1 \to x_0 + 0$ gegen einen endlichen Grenzwert strebt.

Wenn dann im vollständigen Omegagebiet[18])

$$f_i(x, y_1, \ldots, y_n) - f_i(x, z_1, \ldots, z_n) \leqq \varphi(x)\, \omega \left[\underset{\varrho=1,\ldots,n}{\text{Max}} (y_\varrho - z_\varrho) \right] \tag{23}$$
$$\text{für } z_i \leqq y_i \quad (i = 1, 2, \ldots, n),$$

so hat das Differentialgleichungssystem (3) nur ein Integralsystem (2) mit den Anfangswerten (4).

[16]) O. PERRON, Ein neuer Existenzbeweis für die Integrale der Differentialgleichung $y' = f(x, y)$. Mathematische Annalen 76, 1915, S. 471–484.

[17]) Wegen dieser Integraldefinition vgl. man etwa: P. MONTEL und A. ROSENTHAL, Integration und Differentiation, Enzyklopädie II, C. 9b Nr. 32. Uneigentliche Integrale, S. 1050–1056.

[18]) Dieses vollständige Omegagebiet ist durch die Funktionen $\omega_\nu(x)$ und $\Omega_\nu(x)$ $(\nu = 1, 2, \ldots, n)$ bestimmt, die oben bei der Begrenzung des Stetigkeitsbereichs der Funktion $\omega(u)$ auftreten und natürlich den Bedingungen des Satzes 5 genügen sollen. Entsprechendes gilt stets im folgenden.

Zusatz. Ein entsprechender Satz gilt im Intervall $\langle x_0 - a_1, x_0\rangle$, dabei ist die Ungleichung (23) durch folgende zu ersetzen:

$$(24)\qquad \begin{gathered} f_i(x, y_1, \ldots, y_n) - f_i(x, z_1, \ldots, z_n) \geqq \varphi(x)\,\omega\left[\operatorname*{Max}_{\varrho=1,\ldots,n}(y_\varrho - z_\varrho)\right] \\ \text{für } z_i \leqq y_i \ (i = 1, 2, \ldots, n). \end{gathered}$$

2. Beweis für Satz 8. Gäbe es zwei verschiedene Integralsysteme

$$\bar{y}_1(x), \ldots, \bar{y}_n(x)$$

und

$$\bar{\bar{y}}_1(x), \ldots, \bar{\bar{y}}_n(x)$$

des Differentialgleichungssystems (3) mit den Anfangswerten (4), so ließe sich bei geeigneter Wahl der Bezeichnungen eine Zahl x' derart finden, daß

$$\begin{aligned} &x_0 < x' \leqq x_0 + a_2, \\ &\bar{\bar{y}}_\lambda(x') > \bar{y}_\lambda(x') \text{ für mindestens einen Index } i = \lambda. \end{aligned}$$

Setzen wir

$$u(x) = \operatorname*{Max}_{i=1,\ldots,n} (\bar{\bar{y}}_i(x) - \bar{y}_i(x)),$$

so wäre also

$$u(x') \geqq \bar{\bar{y}}_\lambda(x') - \bar{y}_\lambda(x') > 0.$$

Aus Stetigkeitsgründen gibt es dann wegen $u(x_0) = 0$ eine Zahl x_0' mit folgenden Eigenschaften:

$$\begin{aligned} &x_0 \leqq x_0' < x', \\ &u(x_0') = 0, \\ &u(x) > 0 \text{ für } x_0' < x \leqq x'. \end{aligned}$$

Es sei $x_0' < x_1 < x'$ und die Variable x auf das Intervall $x_1 \leqq x \leqq x'$ beschränkt. Wir unterscheiden jetzt zwei Fälle:

1) Es gibt zu der Stelle x einen Index j derart, daß

$$\bar{\bar{y}}_j(x) - \bar{y}_j(x) > \bar{\bar{y}}_i(x) - \bar{y}_i(x) \quad \text{für} \quad i = 1, 2, \ldots, n;\ i \neq j;$$

dann ist

$$u(x) = \bar{\bar{y}}_j(x) - \bar{y}_j(x) > 0,$$

also auch

$$(25)\quad \left\{ \begin{aligned} u'(x) &= \bar{\bar{y}}_j'(x) - \bar{y}_j'(x) = f_j(x, \bar{\bar{y}}_1(x), \ldots, \bar{\bar{y}}_n(x)) - f_j(x, \bar{y}_1(x), \ldots, \bar{y}_n(x)) \\ &\leqq \varphi(x)\,\omega\,[\operatorname*{Max}_{i=1,\ldots,n} (\bar{\bar{y}}_i(x) - \bar{y}_i(x))] \\ &= \varphi(x)\,\omega\,[\bar{\bar{y}}_j(x) - \bar{y}_j(x)] \\ &= \varphi(x)\,\omega\,[u(x)]. \end{aligned} \right.$$

2) Es gibt an der Stelle x k Indices $i_1, \ldots, i_k$ $(1 < k \leqq n)$ derart, daß

$$\begin{gathered} \bar{\bar{y}}_{i_1}(x) - \bar{y}_{i_1}(x) = \bar{\bar{y}}_{i_2}(x) - \bar{y}_{i_2}(x) = \ldots = \bar{\bar{y}}_{i_k}(x) - \bar{y}_{i_k}(x), \\ \bar{\bar{y}}_{i_1}(x) - \bar{y}_{i_1}(x) > \bar{\bar{y}}_i(x) - \bar{y}_i(x) \qquad \left(\begin{smallmatrix} i = 1, 2, \ldots, n, \\ i \neq i_1,\, i \neq i_2, \ldots,\, i \neq i_k \end{smallmatrix}\right); \end{gathered}$$

dann ist

$$u(x) = \bar{\bar{y}}_{i_1}(x) - \bar{y}_{i_1}(x),$$

und wie man leicht überlegt,

$$(26)\quad \left\{\begin{aligned} D_+ u(x) &= \operatorname{Max}\{D_+[\bar{\bar{y}}_{i_1}(x) - \bar{y}_{i_1}(x)], \ldots, D_+[\bar{\bar{y}}_{i_k}(x) - \bar{y}_{i_k}(x)]\} \\ &= D_+[\bar{\bar{y}}_{i_\varrho}(x) - \bar{y}_{i_\varrho}(x)] \quad \left(\begin{matrix}\text{wenn etwa für den Index } i = i_\varrho \\ \text{das Maximum eintritt}\end{matrix}\right) \\ &= f_{i_\varrho}(x, \bar{\bar{y}}_1(x), \ldots, \bar{\bar{y}}_n(x)) - f_{i_\varrho}(x, \bar{y}_1(x), \ldots, \bar{y}_n(x)) \\ &\leqq \varphi(x)\, \omega\, [u(x)], \end{aligned}\right.$$

$$(27)\quad \left\{\begin{aligned} D_- u(x) &= \operatorname{Min}\{D_-[\bar{\bar{y}}_{i_1}(x) - \bar{y}_{i_1}(x)], \ldots, D_-[\bar{\bar{y}}_{i_k}(x) - \bar{y}_{i_k}(x)]\} \\ &= D_-[\bar{\bar{y}}_{i_\sigma}(x) - \bar{y}_{i_\sigma}(x)] \quad \left(\begin{matrix}\text{wenn etwa für den Index } i = i_\sigma \\ \text{das Minimum eintritt}\end{matrix}\right) \\ &\leqq \varphi(x)\, \omega\, [u(x)]. \end{aligned}\right.$$

Also ist stets

$$D_{\underline{+}}\, u(x) \leqq \varphi(x)\, \omega\, [u(x)],$$

mithin auch, da im Intervall $\langle x_1, x' \rangle$ $u(x) > 0$, also $\omega[u(x)] > 0$ ist:

$$(28)\qquad \frac{D_{\underline{+}}\, u(x)}{\omega[u(x)]} \leqq \varphi(x).$$

Hieraus folgt, wie in Nr. 3 gezeigt werden soll:

$$(29)\qquad \int\limits_{u(x_1)}^{u(x')} \frac{du}{\omega(u)} \leqq \int\limits_{x_1}^{x'} \varphi(x)\, dx.$$

Nehmen wir dies für den Augenblick als bewiesen an, so läßt sich der Beweis folgendermaßen zu Ende führen: Wegen (29) würde bei unseren Voraussetzungen das linksstehende Integral unter einer festen Schranke bleiben, falls x_1 gegen x_0' strebt; andererseits muß aber wegen

$$\lim_{x_1 \to x_0'} u(x_1) = u(x_0') = 0$$

nach (22)

$$\lim_{x_1 \to x_0} \int\limits_{u(x_1)}^{u(x')} \frac{du}{\omega(u)} = +\infty$$

sein. Wegen dieses Widerspruches ist im Intervall $\langle x_0, x_0 + a_2 \rangle$ durchweg $u(x) \equiv 0$, w. z. b. w.

3. Der Übergang von der Ungleichung (28) zu der Ungleichung (29) läßt sich schließlich folgendermaßen rechtfertigen:

Da $\omega[u(x)]$ im Intervall $\langle x_1, x' \rangle$ stetig und positiv ist, gibt es eine Zahl $\delta > 0$ derart, daß

$$(30)\qquad \omega[u(x)] \geqq \delta \text{ für } x_1 \leqq x \leqq x'.$$

Andererseits folgt aus (25), (26) und (27), daß

(31) $$|D_{\pm}u(x)| \leqq 2M \text{ für } x_1 \leqq x \leqq x';$$

mithin ist auch

$$\left|\frac{D_{\pm}u(x)}{\omega[u(x)]}\right| \leqq \frac{2M}{\delta} \text{ für } x_1 \leqq x \leqq x'.$$

Wählen wir die Zahl $A \geqq \frac{2M}{\delta}$, so ist also

(32) $$\frac{D_{\pm}u(x)}{\omega[u(x)]} \leqq \varphi_A(x) \text{ für } x_1 \leqq x \leqq x',$$

wobei

$$\varphi_A(x) = \begin{cases} \text{Min } [\varphi(x), A] \text{ für } \varphi(x) > 0, \\ \text{Max } [\varphi(x), -A] = \varphi(x) \text{ für } \varphi(x) \leqq 0. \end{cases}$$

Jetzt nehmen wir eine Unterteilung

$$\mathfrak{E}_k: x_1 = \xi_0 < \xi_1 < \ldots < \xi_\varkappa < \xi_{\varkappa+1} < \ldots < \xi_k = x'$$

des Intervalles $\langle x_1, x' \rangle$ vor; in jedem Teilintervall gibt es dann eine Stelle $\zeta_\varkappa$ derart, daß

$$\xi_\varkappa \leqq \zeta_\varkappa < \xi_{\varkappa+1} \quad (\varkappa = 0, 1, 2, .., k-1),$$

$$D_+ u(\zeta_\varkappa) \geqq \frac{u(\xi_{\varkappa+1}) - u(\xi_\varkappa)}{\xi_{\varkappa+1} - \xi_\varkappa} \quad (\varkappa = 0, 1, 2, \ldots, k-1).$$

Multiplizieren wir diese Ungleichung mit der positiven Zahl

$$\frac{\xi_{\varkappa+1} - \xi_\varkappa}{\omega[u(\zeta_\varkappa)]}$$

und summieren über $\varkappa$, so kommt wegen (32)

(33) $$\sum_{\varkappa=0}^{k-1} \frac{u(\xi_{\varkappa+1}) - u(\xi_\varkappa)}{\omega[u(\zeta_\varkappa)]} \leqq \sum_{\varkappa=0}^{k-1} \frac{D_+ u(\zeta_\varkappa)}{\omega[u(\zeta_\varkappa)]} (\xi_{\varkappa+1} - \xi_\varkappa)$$

$$\leqq \sum_{\varkappa=0}^{k-1} \varphi_A(\zeta_\varkappa)(\xi_{\varkappa+1} - \xi_\varkappa).$$

Aus (31) folgt nach dem PERRONschen Hilfssatz [9]), daß

(34) $$|u(X) - u(X')| \leqq 2M\,|X - X'|.$$

Ferner gibt es zu jeder positiven Zahl ε eine positive Zahl $\varDelta(\varepsilon)$ derart, daß

(35) $$|\omega(\alpha) - \omega(\beta)| \leqq \varepsilon \text{ für } |\alpha - \beta| < \varDelta(\varepsilon).$$

Da

$$\frac{u(\xi_{\varkappa+1}) - u(\xi_\varkappa)}{\omega[u(\zeta_\varkappa)]} = \int_{u(\xi_\varkappa)}^{u(\xi_{\varkappa+1})} \frac{du}{\omega[u(\zeta_\varkappa)]},$$

---

[9]) Siehe S. 6 Fußnote 8.

ist wegen (30) und (35)

$$(36)\quad \begin{cases} \left|\dfrac{u(\xi_{\varkappa+1})-u(\xi_\varkappa)}{\omega[u(\zeta_\varkappa)]}-\displaystyle\int_{u(\xi_\varkappa)}^{u(\xi_{\varkappa+1})}\frac{du}{\omega(u)}\right| \leqq \left|\displaystyle\int_{u(\xi_\varkappa)}^{u(\xi_{\varkappa+1})}\left|\frac{\omega(u)-\omega[u(\zeta_\varkappa)]}{\omega[u(\zeta_\varkappa)]\;\omega(u)}\right|du\right| \\ \qquad \leqq \dfrac{\varepsilon}{\delta^2}\left|u(\xi_{\varkappa+1})-u(\xi_\varkappa)\right|, \end{cases}$$

sobald $|u(\zeta_\varkappa)-u|<\Delta(\varepsilon)$. Da aber nach (34)

$$\begin{aligned} |u(\zeta_\varkappa)-u| &\leqq |u(\zeta_\varkappa)-u(\xi_\varkappa)|+|u(\xi_\varkappa)-u| \\ &\leqq 2M|\zeta_\varkappa-\xi_\varkappa|+|u(\xi_\varkappa)-u(\xi_{\varkappa+1})| \\ &\leqq 2M(\xi_{\varkappa+1}-\xi_\varkappa)+2M(\xi_{\varkappa+1}-\xi_\varkappa)=4M(\xi_{\varkappa+1}-\xi_\varkappa), \end{aligned}$$

so ist (36) gewiß erfüllt, sobald

$$(37)\qquad \xi_{\varkappa+1}-\xi_\varkappa<\frac{\Delta(\varepsilon)}{4M}\quad (\varkappa=0,1,2,\ldots,k-1).$$

Wählen wir die Unterteilung $\mathfrak{E}_k$ so fein, daß (37) erfüllt ist, so folgt aus (36) durch Summation über $\varkappa$ wegen (34)

$$\left|\sum_{\varkappa=0}^{k-1}\frac{u(\xi_{\varkappa+1})-u(\xi_\varkappa)}{\omega[u(\zeta_\varkappa)]}-\int_{u(x_1)}^{u(x')}\frac{du}{\omega(u)}\right| = \left|\sum_{\varkappa=0}^{k-1}\frac{u(\xi_{\varkappa+1})-u(\xi_\varkappa)}{\omega[u(\zeta_\varkappa)]}-\sum_{\varkappa=0}^{k-1}\int_{u(\xi_\varkappa)}^{u(\xi_{\varkappa+1})}\frac{du}{\omega(u)}\right|$$

$$\leqq \frac{\varepsilon}{\delta^2}\sum_{\varkappa=0}^{k-1}|u(\xi_{\varkappa+1})-u(\xi_\varkappa)| \leqq \frac{2M\varepsilon}{\delta^2}\sum_{\varkappa=0}^{k-1}(\xi_{\varkappa+1}-\xi_\varkappa)=\frac{2M\varepsilon}{\delta^2}(x'-x_1),$$

also in Verbindung mit (33), daß

$$\int_{u(x_1)}^{u(x')}\frac{du}{\omega(u)} \leqq \sum_{\varkappa=0}^{k-1}\varphi_A(\zeta_\varkappa)(\xi_{\varkappa+1}-\xi_\varkappa)+\frac{2M\varepsilon}{\delta^2}(x'-x_1).$$

Hieraus folgt weiter bei unbegrenzter Verfeinerung der Unterteilung $\mathfrak{E}_k$

$$\int_{u(x_1)}^{u(x')}\frac{du}{\omega(u)} \leqq \int_{x_1}^{x'}\varphi_A(x)\,dx+\frac{2M\varepsilon}{\delta^2}(x'-x_1),$$

und da ε beliebig klein und A beliebig groß sein konnte, nach der Definition des uneigentlichen Integrals von Herrn DE LA VALLÉE POUSSIN:

$$\int_{u(x_1)}^{u(x')}\frac{du}{\omega(u)} \leqq \int_{x_1}^{x'}\varphi(x)\,dx, \text{ w. z. b. w.}$$

4. Bemerkung. Man kann statt der Ungleichung (23) auch die Forderung

$$f_i(x, y_1, .., y_n) - f_i(x, z_1, .., z_n) \leq \varphi(x)\,\omega\Big[\operatorname*{Max}_{\varrho=1,..,n} |y_\varrho - z_\varrho|\Big] \text{ für } z_i \leq y_i$$

$$(i = 1, 2, .., n),$$

bzw. statt (24) die entsprechende aufstellen. Der Beweis bleibt bis auf einige leichte Abänderungen in der Herleitung der Ungleichungen (25), (26) und (27) wörtlich derselbe, wenn man

$$u(x) = \operatorname*{Max}_{i=1,..,n} |\,\tilde{y}_i(x) - \bar{y}_i(x)\,|$$

setzt.

5. Wir wollen einige Spezialfälle hervorheben.

Für $n = 1$ kommt unser Satz 8 im wesentlichen mit einem Satz des Herrn L. TONELLI[2]) überein; Herrn TONELLIS Überlegungen sind insofern allgemeiner, als er durchweg die LEBESGUEsche Integraltheorie verwendet und dementsprechend auch auf die Stetigkeit der Funktionen f_i verzichtet. Man überlegt indessen leicht, daß man unseren auch für $n > 1$ gültigen Überlegungen ohne weiteres dieselbe Allgemeinheit geben kann; der Übergang von (28) zu (29) wird dabei sogar erheblich einfacher, da in der LEBESGUEschen Theorie die Existenz des Integrales

$$\int_{x_1}^{x'} \frac{D_+ u(x)}{\omega\,[u(x)]}\,dx$$

von vornherein feststeht. Im übrigen müssen wir auf die Ausführungen des Herrn TONELLI verweisen.

Als weiterer Spezialfall steckt in Satz 8 und seinem Zusatz

Satz 9. *Es sei $\omega(u)$ stetig für*

$$0 \leq u \leq \operatorname*{Max}_{x_0 - a_1 \leq x \leq x_0 + a_2} \Big(\operatorname*{Max}_{i=1,..,n} \{\Omega_i(x) - \omega_i(x)\}\Big),$$

$\omega(0) = 0$, $\omega(u) > 0$ *für* $u > 0$,

$$\lim_{\varepsilon \to +0} \int_{\varepsilon}^{u_0} \frac{du}{\omega(u)} = +\infty \qquad (0 < \varepsilon < u_0).$$

Ferner sei $\varphi(x)$ im Intervall $\langle x_0 - a_1, x_0 + a_2\rangle$ reell und so beschaffen, daß in jedem Teilintervall $\langle x_1, x_0 + a_2\rangle$, bzw. $\langle x_0 - a_1, \bar{x}_1\rangle$, wo $x_1 > x_0$, bzw. $\bar{x}_1 < x_0$, das Integral

$$\int_{x_1}^{x_0 + a_2} \varphi(x)\,dx, \text{ bzw. } \int_{\bar{x}_1}^{x_0 - a_1} \varphi(x)\,dx$$

[2]) Siehe S. 4 Fußnote 2.

im Sinne von RIEMANN-DE LA VALLÉE POUSSIN existiert und für $x_1 \to x_0$, bzw. $\bar{x}_1 \to x_0$ gegen einen endlichen Grenzwert strebt.

Wenn dann im vollständigen Omegagebiet[18])

$$|f_i(x, y_1, .., y_n) - f_i(x, z_1, .., z_n)| \begin{cases} \leqq \varphi(x)\,\omega\left[\underset{\varrho=1,..,n}{\operatorname{Max}} (y_\varrho - z_\varrho)\right] \\ \qquad \text{für } z_i \leqq y_i \text{ oder} \\ \leqq \varphi(x)\,\omega\left[\underset{\varrho=1,..,n}{\operatorname{Max}} |y_\varrho - z_\varrho|\right]. \\ \qquad \text{(vgl. Nr. 4)} \end{cases}$$

$$(i = 1, 2 \ldots, n),$$

so hat das Differentialgleichungssystem (3) im Intervall $\langle x_0 - a_1, x_0 + a_2\rangle$ nur ein Integralsystem (2) mit den Ausgangswerten (4).

Für $\varphi(x) \equiv 1$ steckt hierin wiederum der Eindeutigkeitssatz des Herrn OSGOOD.[19])

Ferner kann man $\omega(u) = n\,|u|$ setzen; genügen dann die Funktionen f_i $(i = 1, 2, .., n)$ im vollständigen Omegagebiet einer LIPSCHITZ-Bedingung

$$|f_i(x, y_1, .., y_n) - f_i(x, z_1, .., z_n)| \leqq \varphi(x) \sum_{\varrho=1}^{n} |y_\varrho - z_\varrho| \qquad (i = 1, 2, .., n),$$

so ist auch

$$|f_i(x, y_1, .., y_n) - f_i(x, z_1, .., z_n)| \leqq \varphi(x)\, n \left| \underset{\varrho=1,..,n}{\operatorname{Max}} |y_\varrho - z_\varrho| \right|$$

$$= \varphi(x)\,\omega\left[\underset{\varrho=1,..,n}{\operatorname{Max}} |y_\varrho - z_\varrho|\right] \qquad (i = 1, 2, .., n),$$

und damit ergibt sich

Satz 10. Wenn in einem vollständigen Omegagebiet die Funktionen f_i $(i = 1, 2, .., n)$ einer LIPSCHITZ-Bedingung

$$|f_i(x, y_1, .., y_n) - f_i(x, z_1, .., z_n)| \leqq \varphi(x) \sum_{\varrho=1}^{n} |y_\varrho - z_\varrho| \qquad (i = 1, 2, .., n)$$

genügen, für deren Koeffizienten $\varphi(x)$ die Integrale

$$\int_{x_1}^{x_0 + a_2} \varphi(x)\,dx, \text{ falls } x_1 > x_0, \text{ bzw. } \int_{x_0 - a_1}^{x_1} \varphi(x)\,dx, \text{ falls } x_1 < x_0,$$

---

[18]) Siehe S. 16 unten.

[19]) W. F. OSGOOD, Beweis der Existenz einer Lösung der Differentialgleichung $\frac{dy}{dx} = f(x, y)$ ohne Hinzunahme der CAUCHY-LIPSCHITZschen Bedingung. Monatshefte für Mathematik und Physik, 9, 1898, S. 331—345. Ferner O. PERRON a. in [6]) a. O., und für $n > 1$: O. PERRON, Über Ein- und Mehrdeutigkeit des Integrals eines Systems von Differentialgleichungen. Mathematische Annalen 95, 1926, S. 98—101.

im Sinne von RIEMANN-DE LA VALLÉE POUSSIN[17]) existieren und für $x_1 \to x_0$ endlichen Grenzwerten zustreben, so hat das Differentialgleichungssystem (3) im Intervall $\langle x_0 - a_1, x_0 + a_2 \rangle$ nur ein Integralsystem (2) mit den Ausgangswerten (4).

Dieser Satz findet sich schon im wesentlichen bei Herrn CARATHÉODORY[20]), und zwar mit den Verallgemeinerungen, die die Verwendung der LEBESGUEschen Theorie zuläßt.

§ 6. Eindeutigkeitssatz der Herren Tonelli und Perron.

Satz 11. Die Funktion $\varphi(x, u)$ sei stetig im Bereich

$$x_0 \leqq x \leqq x_0 + a_2, \quad 0 \leqq u \leqq b(x) = \max_{i=1,\ldots,n} \{ \Omega_i(x) - \omega_i(x) \},$$

und die Funktionen $f_i(x, y_1, \ldots, y_n)$ $(i = 1, 2, \ldots, n)$ mögen im vollständigen Omegagebiet der Bedingung

$$(38) \qquad f_i(x, y_1, \ldots, y_n) - f_i(x, z_1, \ldots, z_n) \leqq \varphi\left[x, \max_{\varrho=1,\ldots,n} |y_\varrho - z_\varrho|\right]$$

$$\text{für } y_i \geqq z_i \qquad (i = 1, 2, \ldots, n)$$

genügen. Dann gilt für irgend zwei Integralsysteme $\bar{y}_1(x), \ldots, \bar{y}_n(x)$ und $\bar{\bar{y}}_1(x), \ldots, \bar{\bar{y}}_n(x)$ des Differentialgleichungssystems (3) mit den Anfangswerten (4) im Intervall $\langle x_0, x_0 + a_2 \rangle$ die Abschätzung

$$|\bar{y}_i(x) - \bar{\bar{y}}_i(x)| \leqq Z(x) = \operatorname{Min}[b(x), z(x)] \qquad (i = 1, 2 \ldots, n),$$

wo $z(x)$ das für $x = x_0$ verschwindende Maximalintegral der Differentialgleichung

$$z' = \varphi_*(x, z)$$

bedeutet, deren rechte Seite folgendermaßen definiert ist:

$$\begin{aligned} \varphi_*(x, z) &= \varphi(x, z), \text{ falls } 0 \leqq z \leqq b(x), \\ \varphi_*(x, z) &= \varphi(x, 0), \text{ falls } z < 0, \\ \varphi_*(x, z) &= \varphi(x, b(x)), \text{ falls } z > b(x). \end{aligned}$$

Zusatz. Ein entsprechender Satz, in dem statt (38) die Ungleichung

$$f_i(x, y_1, \ldots, y_n) - f_i(x, z_1, \ldots, z_n) \geqq \varphi\left[x, \max_{\varrho=1,\ldots,n} |y_\varrho - z_\varrho|\right] \text{ für } y_i \geqq z_i$$

$$(i = 1, 2, \ldots, n)$$

steht, gilt für $x_0 - a_1 \leqq x \leqq x_0$.

---

[17]) Siehe S. 16 Fußnote 17.

[20]) C. CARATHÉODORY, Vorlesungen über reelle Funktionen, (Leipzig und Berlin, B. G. Teubner) 1918, S. 673 ff.

Beweis für Satz 11. Der folgende Beweis ist die fast wörtliche Reproduktion des Beweises, den Herr PERRON[21]) für den spezielleren, weiter unten ausgesprochenen Satz 12 gegeben hat.

Eine stetige Funktion $z_1(x)$, die im Intervall $\langle x_0, x_0 + a_2\rangle$ der Ungleichung

$$D_{\pm} z_1(x) > \varphi_*(x, z_1(x)) \tag{39}$$

und der Anfangsbedingung $z_1(x_0) = 0$ genügt, heißt Oberfunktion der Differentialgleichung $z' = \varphi_*(x, z)$.

Die n Ungleichungen

$$|\bar{y}_i(x) - \bar{\bar{y}}_i(x)| \leqq z_1(x) \qquad (i = 1, 2, .., n) \tag{40}$$

sind gewiß für $x = x_0$ erfüllt. Würden sie nicht im ganzen Intervall $\langle x_0, x_0 + a_2\rangle$ bestehen, so gäbe es eine Zahl ξ mit folgenden Eigenschaften:

$$x_0 \leqq \xi < a_2,$$
$$|\bar{y}_i(x) - \bar{\bar{y}}_i(x)| \leqq z_1(x) \quad \text{für } x_0 \leqq x \leqq \xi, \qquad (i = 1, 2, .., n),$$

entweder ist

$$\left\{\begin{array}{l} \bar{y}_\lambda(\xi) - \bar{\bar{y}}_\lambda(\xi) = z_1(\xi), \\ \bar{y}_\lambda(\xi + h) - \bar{\bar{y}}_\lambda(\xi + h) > z_1(\xi + h) \end{array}\right\} \tag{41}$$

$$\text{oder} \left\{\begin{array}{l} \bar{\bar{y}}_\lambda(\xi) - \bar{y}_\lambda(\xi) = z_1(\xi), \\ \bar{\bar{y}}_\lambda(\xi + h) - \bar{y}_\lambda(\xi + h) > z_1(\xi + h) \end{array}\right\}$$

für mindestens einen Index $i = \lambda$ und gewisse beliebig kleine positive h.

Es genügt, die erste Möglichkeit zu verfolgen, da andernfalls nur die beiden Integralsysteme ihre Rollen tauschen. Aus (39), (41) und (21) folgt leicht, daß

$$\bar{y}'_\lambda(\xi) - \bar{\bar{y}}'_\lambda(\xi) \geqq D_+ z_1(\xi) > \varphi_*(\xi, z_1(\xi)) = \varphi(\xi, z_1(\xi)),$$

während doch nach (38)

$$\begin{aligned} \bar{y}'_\lambda(\xi) - \bar{\bar{y}}'_\lambda(\xi) &= f_\lambda(\xi, \bar{y}_1(\xi), .., \bar{y}_n(\xi)) - f_\lambda(\xi, \bar{\bar{y}}_1(\xi), .., \bar{\bar{y}}_n(\xi)) \\ &\leqq \varphi\big(\xi, \operatorname*{Max}_{i=1,..,n} |\bar{y}_i(\xi) - \bar{\bar{y}}_i(\xi)|\big) = \varphi(\xi, z_1(\xi)) \end{aligned}$$

sein muß. Wegen dieses Widerspruchs sind die Ungleichungen (40) durchweg im Intervall $\langle x_0, x_0 + a_2\rangle$ erfüllt.

In (40) konnte $z_1(x)$ jede Oberfunktion sein, also gilt (40) auch für die untere Grenzfunktion aller Oberfunktionen; diese ist aber[16]) das Maximalintegral $z(x)$ der Differentialgleichung $z' = \varphi_*(x, z)$ mit dem Anfangswert $z(x_0) = 0$. Mit Rücksicht auf (21) ergibt sich daraus Satz 11. W. z. b. w.

Aus Satz 11 und seinem Zusatz ergibt sich sofort folgender Satz des Herrn PERRON[21]):

---

[16]) Siehe S. 16 Fußnote 16.

[21]) In der in Fußnote 19 genannten Annalenarbeit.

Satz 12. Die Funktion $\varphi(x,u)$ sei stetig im Bereich

$$x_0 - a_1 \leqq x \leqq x_0 + a_2, \quad 0 \leqq u \leqq b(x) = \max_{i=1,\ldots,n} \{\Omega_i(x) - \omega_i(x)\},$$

und die Funktionen $f_i(x, y_1, \ldots, y_n)$ $(i = 1, 2, \ldots, n)$ mögen im vollständigen Omegagebiet[18]) der Bedingung

$$|f_i(x, y_1, \ldots, y_n) - f_i(x, z_1, \ldots, z_n)| \leqq \varphi\left[x, \max_{\varrho=1,\ldots,n} |y_\varrho - z_\varrho|\right]$$
$$(i = 1, 2, \ldots, n)$$

genügen. Dann gilt für irgend zwei Integralsysteme $\bar{y}_1(x), \ldots, \bar{y}_n(x)$ und $\bar{\bar{y}}_1(x), \ldots, \bar{\bar{y}}_n(x)$ des Differentialgleichungssystems (3) mit den Ausgangswerten (4) im Intervall $\langle x_0 - a_1, x_0 + a_2 \rangle$ die Abschätzung

$$|\bar{y}_i(x) - \bar{\bar{y}}_i(x)| \leqq Z(x) = \text{Min}\,[b(x), z(x)] \qquad (i = 1, 2, \ldots, n),$$

wo $z(x)$ das für $x = x_0$ verschwindende Maximalintegral der Differentialgleichung

$$z' = \varphi_*(x, z)$$

bedeutet, deren rechte Seite folgendermaßen definiert ist:

$$\varphi_*(x, z) = \varphi(x, z), \text{ falls } 0 \leqq z \leqq b(x),$$
$$\varphi_*(x, z) = \varphi(x, 0), \text{ falls } z < 0,$$
$$\varphi_*(x, z) = \varphi(x, b(x)), \text{ falls } z > b(x).$$

Andererseits ergibt sich aus Satz 11 für $n = 1$ ein Satz, den Herr Tonelli[2]) auf anderem Wege bewiesen hat.

Satz 11 und Satz 12 werden ergänzt durch

Satz 13. Ist unter den Voraussetzungen von Satz 11, bzw. Satz 12 $z(x) \equiv 0$ das Maximalintegral der Differentialgleichung $z' = \varphi_*(x, z)$, so hat im Intervall $\langle x_0, x_0 + a_2 \rangle$, bzw. $\langle x_0 - a_1, x_0 + a_2 \rangle$ das Differentialgleichungssystem (3) nur ein einziges Integralsystem mit den Ausgangswerten (4).

§ 7. **Eindeutigkeitssätze. Eine Spezialisierung.**

Aus Satz 8 für $\varphi(x) \equiv 0$ oder aus Satz 11 für $\varphi(x, u) \equiv 0$ in Verbindung mit Satz 13 ergibt sich insbesondere

Satz 14. Ist in einem vollständigen Omegagebiet

$$f_i(x, y_1, \ldots, y_n) - f_i(x, z_1, \ldots, z_n) \leqq 0 \quad \text{für } y_i \geqq z_i \quad (i = 1, 2, \ldots, n), \tag{42}$$

oder, was dasselbe besagt,

$$\max_{\substack{\omega_\nu(x) \leqq \left\{ y_\nu \atop z_\nu \right\} \leqq \Omega_\nu(x) \\ \nu = 1, 2, \ldots, n;\ \nu \neq i}} [f_i(x, y_1, \ldots, y_n) - f_i(x, z_1, \ldots, z_n)] \leqq 0 \text{ für } y_i \geqq z_i \quad (i = 1, 2, \ldots, n), \tag{43}$$

---

[18]) Siehe S. 16 Fußnote 18. [2]) Siehe S. 4 Fußnote 2.

so hat das Differentialgleichungssystem (3) im Intervall $\langle x_0, x_0+a_2\rangle$ nur ein einziges Integralsystem mit den Anfangswerten (4).

Zusatz: Ein entsprechender Satz gilt für das Intervall $\langle x_0-a_1, x_0\rangle$; dabei ist (42) durch die Ungleichung

$$f_i(x, y_1, .., y_n) - f_i(x, z_1, .., z_n) \geqq 0 \quad \text{für} \quad y_i \geqq z_i \qquad (i = 1, 2, .., n),$$

bzw. (43) durch die Forderung

$$\underset{\substack{\omega_\nu(x) \leqq \left\{ y_\nu \atop z_\nu \right\} \leqq \Omega_\nu(x) \\ \nu=1,2,..,n;\ \nu \neq i}}{\text{Min}} [f_i(x, y_1, .., y_n) - f_i(x, z_1, .., z_n)] \geqq 0 \text{ für } y_i \geqq z_i \quad (i = 1, 2, \ldots, n)$$

zu ersetzen.

Speziell für $n = 1$ läßt sich Satz 14 folgendermaßen aussprechen:

Satz 15. Nimmt in einem vollständigen Omegagebiet $f(x, y)$ für alle Werte x des Intervalles $\langle x_0, x_0+a_2\rangle$ mit wachsendem y nicht zu, so hat die Differentialgleichung $y' = f(x, y)$ in diesem Intervall nur ein Integral mit dem Anfangswert $y(x_0) = y_0$.

Entsprechend haben wir im Intervall $\langle x_0 - a_1, x_0\rangle$ Eindeutigkeit, wenn $f(x, y)$ mit wachsendem y nicht abnimmt.

Satz 15 findet sich schon bei Herrn TONELLI[2]) und Herrn YOSIE[15]); er kann, ebenso wie auch der allgemeine Satz 14, direkt in wenigen Zeilen bewiesen werden.

Wir bemerken noch: Auf ein System von mindestens zwei Differentialgleichungen läßt sich Satz 15 in dem Sinn, daß das Differentialgleichungssystem nur ein System stetiger Integrale mit vorgeschriebenen Anfangswerten hat, wenn die Funktionen f_i mit jedem ihrer n letzten Argumente nicht anwachsen, nicht ausdehnen. Denn bei dem Differentialgleichungssystem

$$y_1' = \begin{cases} -\sqrt{|y_2|} & \text{für } y_2 \geqq 0, \\ \sqrt{|y_2|} & \text{für } y_2 \leqq 0, \end{cases}$$

$$y_2' = \begin{cases} -\sqrt{|y_1|} & \text{für } y_1 \geqq 0, \\ \sqrt{|y_1|} & \text{für } y_1 \leqq 0 \end{cases}$$

ist diese Monotonieforderung erfüllt, und trotzdem gibt es unendlich viele Integralsysteme $y_1(x)$, $y_2(x)$ mit den Anfangswerten $y_1(0) = 0$, $y_2(0) = 0$, nämlich für beliebiges $a \geqq 0$ die Funktionen

$$y_1(x) = \begin{cases} 0 & \text{für } 0 \leqq x \leqq a, \\ \pm\dfrac{(x-a)^2}{4} & \text{für } x > a, \end{cases} \qquad y_2(x) = \begin{cases} 0 & \text{für } 0 \leqq x \leqq a, \\ \mp\dfrac{(x-a)^2}{4} & \text{für } x > a. \end{cases}$$

---

2) Siehe S. 4 Fußnote 2. 15) Siehe S. 15 Fußnote 15.

§ 8. Eindeutigkeitssätze. Fortsetzung.

Die Gesamtheit der Integralkurven des Differentialgleichungssystems (3), die vom Punkt $(x_0, y_{10}, .., y_{n0})$ ausgehen, ist ein Gebilde, das wir in Anlehnung an die einfachsten Fälle als Trichter bezeichnen wollen. PEANO[7]) hat bewiesen, daß der Schnitt dieses Trichters mit einer Ebene x = constans eine abgeschlossene Menge ist, Herr H. KNESER[13]), daß diese Menge ein Kontinuum bildet[22]). Die Abschätzungen der Sätze 11 und 12 lieferten Schranken für die Projektionen der Schnittfigur in die einzelnen y_i-Ebenen. Wir wollen jetzt den Durchmesser der Schnittfigur unmittelbar abschätzen. Das führt zu

Satz 16. Die Funktion $\varphi(x, u)$ sei stetig im Bereich

$$x_0 \leqq x \leqq x_0 + a_2, \quad 0 \leqq u \leqq b(x) = \sqrt{\sum_{i=1}^{n} (\Omega_i(x) - \omega_i(x))^2}.$$

Genügen im vollständigen Omegabereich[18]) die Funktionen f_i der Ungleichung

$$(44) \qquad \sqrt{\sum_{i=1}^{n} (f_i(x, y_1, .., y_n) - f_i(x, z_1, ..., z_n))^2} \leqq \varphi\left(x, \sqrt{\sum_{i=1}^{n} (y_i - z_i)^2}\right),$$

so gilt für irgend zwei Integralsysteme $\bar{y}_1(x), .., \bar{y}_n(x)$ und $\bar{\bar{y}}_1(x), .., \bar{\bar{y}}_n(x)$ des Differentialgleichungssystems (3) mit den Anfangswerten (4) im Intervall $\langle x_0, x_0 + a_2 \rangle$ die Abschätzung

$$d(x) = \sqrt{\sum_{i=1}^{n} (\bar{y}_i(x) - \bar{\bar{y}}_i(x))^2} \leqq Z(x) = \text{Min}\,[b(x), z(x)],$$

wenn $z(x)$ das für $x = x_0$ verschwindende Maximalintegral der Differentialgleichung

$$z' = \varphi_*(x, z)$$

bedeutet, deren rechte Seite

$$\varphi_*(x, z) = \varphi(x, z), \text{ falls } 0 \leqq z \leqq b(x),$$
$$\varphi_*(x, z) = \varphi(x, 0), \text{ falls } z < 0,$$
$$\varphi_*(x, z) = \varphi(x, b(x)), \text{ falls } z > b(x).$$

Zusatz: Entsprechendes gilt für das Intervall $\langle x_0 - a_1, x_0 \rangle$, dabei ist die Ungleichung (44) durch die folgende zu ersetzen:

---

[7]) Siehe S. 6 Fußnote 7. [13]) Siehe S. 12 Fußnote 13.

[18]) Siehe S. 16 Fußnote 18.

[22]) Ein zweiter Beweis befindet sich in meiner der Redaktion der Mathematischen Zeitschrift eingereichten Arbeit: Beweis eines Satzes des Herrn H. KNESER über die Gesamtheit der Lösungen, die ein System gewöhnlicher Differentialgleichungen durch einen Punkt schickt.

$$-\sqrt{\sum_{i=1}^{n}(f_i(x,y_1,..,y_n)-f_i(x,z_1,..,z_n))^2} \geqq \varphi\Big(x,\sqrt{\sum_{i=1}^{n}(y_i-z_i)^2}\Big).$$

Beweis für Satz 16. Es sei $z_1(x)$ eine Oberfunktion der Differentialgleichung $z' = \varphi_*(x, z)$ mit dem Anfangswert $z_1(x_0) = 0$; dann ist nach (44)

(45) $$D_{\pm} z_1(x) > \varphi_*(x, z_1(x)) \geqq 0,$$

also $z_1(x) > 0$ für $x > x_0$. Wie beim Beweis von Satz 11 genügt es, zu zeigen, daß im Intervall $\langle x_0, x_0 + a_2\rangle$

(46) $$d(x) = \sqrt{\sum_{i=1}^{n}(\bar{y}_i(x) - \bar{\bar{y}}_i(x))^2} \leqq z_1(x).$$

Für $x = x_0$ ist das richtig. Wäre es nicht im ganzen Intervall $\langle x_0, x_0 + a_2\rangle$ der Fall. so gäbe es eine Zahl ξ mit folgenden Eigenschaften:

$$x_0 \leqq \xi < x_0 + a_2,$$

$$d(x) \leqq z_1(x) \qquad \text{für } x_0 \leqq x \leqq \xi,$$

(47) $$d(\xi) = z_1(\xi),$$

(48) $$d(\xi + h) > z_1(\xi + h) \text{ für gewisse beliebig kleine positive } h.$$

Aus (47), (48) und (45) folgt, falls $\xi > x_0$, also $d(\xi) > 0$, daß

$$D_+ d(\xi) = \frac{\sum_{i=1}^{n}(\bar{y}_i(\xi) - \bar{\bar{y}}_i(\xi))\,(\bar{y}_i'(\xi) - \bar{\bar{y}}_i'(\xi))}{d(\xi)} \geqq D_+ z_1(\xi) > \varphi_*(\xi, z_1(\xi)),$$

oder wenn wir mit der positiven Zahl $d(\xi) = z_1(\xi)$ multiplizieren:

$$\sum_{i=1}^{n}(\bar{y}_i(\xi) - \bar{\bar{y}}_i(\xi))\,(\bar{y}_i'(\xi) - \bar{\bar{y}}_i'(\xi)) > z_1(\xi)\,\varphi(\xi, z_1(\xi)),$$

während doch mit Verwendung der CAUCHYschen Ungleichung[23])

$$\left|\sum_{i=1}^{n}(\bar{y}_i(\xi) - \bar{\bar{y}}_i(\xi))\,(\bar{y}_i'(\xi) - \bar{\bar{y}}_i'(\xi))\right|^{24)}$$

$$\leqq \sqrt{\sum_{i=1}^{n}(\bar{y}_i(\xi) - \bar{\bar{y}}_i(\xi))^2}\;\sqrt{\sum_{i=1}^{n}(\bar{y}_i'(\xi) - \bar{\bar{y}}_i'(\xi))^2}$$

$$= z_1(\xi)\sqrt{\sum_{i=1}^{n}\left(f_i(\xi, \bar{y}_1(\xi), .., \bar{y}_n(\xi)) - f_i(\xi, \bar{\bar{y}}_1(\xi), .., \bar{\bar{y}}_n(\xi))\right)^2}$$

[23]) Vgl. G. PÓLYA und G. SZEGÖ, Aufgaben und Lehrsätze aus der Analysis, Bd. I, (Berlin, J. Springer), 1925, S. 54.

[24]) Die Absolutstriche könnten hier wegbleiben; doch schreiben wir die Abschätzung so, wie sie sich auf den Fall $x < x_0$ übertragen läßt.

$$\leqq z_1(\xi)\,\varphi\left(\xi, \sqrt{\sum_{i=1}^{n}(\bar{\bar{y}}_i(\xi)-\bar{y}_i(\xi))^2}\right) = z_1(\xi)\,\varphi(\xi, z_1(\xi)) = z_1(\xi)\,\varphi_*(\xi, z_1(\xi))$$

sein muß. Und falls $\xi = x_0$, weil $d(x_0) = 0$, daß

$$D_+ d(\xi) = 0 \geqq D_+ z_1(\xi) > \varphi_*(\xi, z_1(\xi)) \geqq 0.$$

Wegen dieser Widersprüche muß (46) gelten. W. z. b. w.

§ 9. Eindeutigkeitssatz des Herrn Nagumo.

Satz 17. Genügen in einem vollständigen Omegagebiet die Funktionen f_i der Bedingung

$$(49)\quad f_i(x, y_1, \ldots, y_n) - f_i(x, z_1, \ldots, z_n) \leqq \frac{k}{x - x_0} \operatorname*{Max}_{\varrho=1,\ldots,n} (y_\varrho - z_\varrho)$$

$$\text{für } y_i \geqq z_i \qquad (i = 1, 2, \ldots, n),$$

wobei $0 < k < 1$, dann hat das Differentialgleichungssystem (3) im Intervall $\langle x_0, x_0 + a_2 \rangle$ nur ein einziges Integralsystem mit den Anfangswerten (4).

Zusatz: Ein entsprechender Satz gilt für das Intervall $\langle x_0 - a_1, x_0 \rangle$; dabei tritt an die Stelle der Bedingung (49) die folgende:

$$(50)\quad f_i(x, y_1, \ldots, y_n) - f_i(x, z_1, \ldots, z_n) \geqq \frac{k}{x - x_0} \operatorname*{Max}_{\varrho=1,\ldots,n} (y_\varrho - z_\varrho)$$

$$\text{für } y_i \geqq z_i \qquad (i = 1, 2, \ldots, n).$$

Beweis für Satz 17. Gäbe es zwei verschiedene Systeme stetiger Integrale $\bar{\bar{y}}_1(x), \ldots, \bar{\bar{y}}_n(x)$ und $\bar{y}_1(x), \ldots, \bar{y}_n(x)$ mit den Anfangswerten (4), so gäbe es bei geeigneter Wahl der Bezeichnungen eine Stelle x_1 derart, daß

$$x_0 < x_1 \leqq x_0 + a_2,$$

$$\bar{\bar{y}}_\lambda(x_1) > \bar{y}_\lambda(x_1) \text{ für mindestens einen Index } i = \lambda.$$

Setzen wir

$$u(x) = \operatorname*{Max}_{\varrho=1,\ldots,n} (\bar{\bar{y}}_\varrho(x) - \bar{y}_\varrho(x)),$$

so ist also

$$u(x_1) \geqq \bar{\bar{y}}_\lambda(x_1) - \bar{y}_\lambda(x_1) > 0.$$

Setzen wir ferner

$$v(x) = k\,\frac{u(x_1)}{x_1 - x_0}(x - x^0),$$

so ist

$$u(x_0) = 0, \quad v(x_0) = 0,$$

$$D_+ u(x_0) = \operatorname*{Max}_{\varrho=1,\ldots,n} \left\{ D_+(\bar{\bar{y}}_\varrho(x) - \bar{y}_\varrho(x)) \right\}_{x=x_0} = 0,$$

$$D_+ v(x_0) = k\,\frac{u(x_1)}{x_1 - x_0} > 0 = D_+ u(x_0),$$

also in einer hinreichend kleinen rechtsseitigen Umgebung $\langle x_0, x'\rangle$ der Stelle $x = x_0$ auch

$$u(x) < v(x).$$

Andererseits ist

$$v(x_1) = k u(x_1) < u(x_1).$$

Die stetige Funktion $u(x) - v(x)$ hat im Intervall $\langle x', x_1\rangle$ also mindestens einmal Zeichenwechsel, und ist $x = \xi$ die größte ihrer Nullstellen in diesem Intervall, so ist

$$u(\xi) = v(\xi) = k \frac{u(x_1)}{x_1 - x_0} (\xi - x_0) > 0,$$

$$D_+ u(\xi) \geqq D_+ v(\xi).$$

Dieselben Überlegungen, die zu den Beziehungen (25) und (26) führten, lehren, daß für einen gewissen Index $i = j$

(51) $$u(\xi) = \bar{\bar{y}}_j(\xi) - \bar{y}_j(\xi),$$

(52) $$\left\{\begin{aligned} & f_j(\xi, \bar{\bar{y}}_1(\xi), \ldots, \bar{\bar{y}}_n(\xi)) - f_j(\xi, \bar{y}_1(\xi), \ldots, \bar{y}_n(\xi)) = D_+ u(\xi) \\ & \quad \geqq D_+ v(\xi) = k \frac{u(x_1)}{x_1 - x_0} = k \frac{u(x_1)}{x_1 - x_0} \frac{\xi - x_0}{\xi - x_0} \\ & \quad = \frac{v(\xi)}{\xi - x_0} = \frac{u(\xi)}{\xi - x_0} \\ & \quad > k \frac{u(\xi)}{\xi - x_0} = \frac{k}{\xi - x_0} \operatorname*{Max}_{\varrho = 1, \ldots, n} (\bar{\bar{y}}_\varrho(\xi) - \bar{y}_\varrho(\xi)), \end{aligned}\right.$$

im Widerspruch zu (49). Deswegen ist im Intervall $\langle x_0, x_0 + a_2\rangle$ durchweg $\bar{\bar{y}}_i(x) = \bar{y}_i(x)$ $(i = 1, 2, \ldots, n)$, w. z. b. w.

Bemerkung: Wie in § 5 kann man auch hier statt der Ungleichung (49) die Ungleichung

$$f_i(x, y_1, \ldots, y_n) - f_i(x, z_1, \ldots, z_n) \leqq \frac{k}{x - x_0} \operatorname*{Max}_{\varrho = 1, \ldots, n} | y_\varrho - z_\varrho |$$

$$\text{für } y_i \geqq z_i \qquad (i = 1, 2, \ldots, n;\ 0 < k < 1),$$

bzw. statt (50) die entsprechende voraussetzen. Beim Beweis hat man dann

$$u(x) = \operatorname*{Max}_{\varrho = 1, \ldots, n} | \bar{\bar{y}}_\varrho(x) - \bar{y}_\varrho(x) |$$

zu setzen und, falls

$$u(\xi) = | \bar{\bar{y}}_j(\xi) - \bar{y}_j(\xi) | = \bar{y}_j(\xi) - \bar{\bar{y}}_j(\xi),$$

in den Beziehungen (51) u. (52) die beiden Integralsysteme zu vertauschen.

Für $n = 1$ ist Satz 17 bereits von Herrn NAGUMO[25]) bewiesen worden. Außerdem steckt in demselben noch folgender bemerkenswerter Spezialfall:

[25]) M. NAGUMO, Eine hinreichende Bedingung für die Unität der Lösung von Differentialgleichungen erster Ordnung. Japanese Journal of Mathematics 3, 1926, S. 107—112. Herr T. YOSIE hat mir in entgegenkommender Weise von dieser Arbeit einen Fahnenabzug zur Verfügung gestellt.

Satz 18. Genügen in einem vollständigen Omegagebiet die Funktionen f_i der Bedingung

$$|f_i(x, y_1, \ldots, y_n) - f_i(x, z_1, \ldots, z_n)| \leqq \frac{1}{|x - x_0|} \sum_{\varrho=1}^{n} k_\varrho |y_\varrho - z_\varrho|$$

$$(i = 1, 2, \ldots, n),$$

wobei $k_\varrho \geqq 0$, $\sum\limits_{\varrho=1}^{n} k_\varrho < 1$, so hat im Intervall $\langle x_0 - a_1, x_0 + a_2 \rangle$ das Differentialgleichungssystem (3) nur ein einziges Integralsystem mit den Ausgangswerten (4).

In der Tat ist unter den Voraussetzungen von Satz 18 auch

$$|f_i(x, y_1, \ldots, y_n) - f_i(x, z_1, \ldots, z_n)| \leqq \frac{k}{|x - x_0|} \operatorname*{Max}_{\varrho = 1, \ldots, n} |y_\varrho - z_\varrho|$$

$$(i = 1, 2, \ldots, n),$$

wobei $k = k_1 + k_2 + \ldots + k_n < 1$, d. h. die Voraussetzung von Satz 17 mit der in der vorangehenden Bemerkung angegebenen Änderung erfüllt.

§ 10. Eine Differentialgleichung, bei der die Cauchyschen Polygonzüge divergieren.

1. Es ist denkbar, daß die Cauchyschen Polygonzüge überhaupt immer auch ohne besondere Auswahl gegen ein bestimmtes der Integralsysteme mit den Anfangswerten (4) konvergieren, sobald die Funktionen f_i stetig sind. Jedenfalls bleibt noch zu entscheiden, ob es an der Beweismethode oder in der Natur der Sache liegt, daß man bei nur stetigen Funktionen f_i das Beweismittel der Auswahlkonvergenz heranziehen muß.

Wir werden deshalb in diesem Paragraphen eine Differentialgleichung $y' = f(x, y)$ konstruieren, bei der $f(x, y)$ stetig, aber so beschaffen ist, daß die Methode von Cauchy-Lipschitz divergiert. Dabei wollen wir es für einen weiteren Zweck so einrichten, daß $f(x, y)$ mit wachsendem y nicht abnimmt.

Bei einer Differentialgleichung $y' = f(x, y)$ sind für die Unterteilungen

$$\mathfrak{E}_k: \quad x_0 < x_1 < \ldots < x_\varkappa < x_{\varkappa+1} < \ldots < x_k = x_0 + a_2$$

die Cauchyschen Polygonzüge die folgenden:

$$y_k(x_0) = y_0,$$
$$y_k(x) = y_k(x_\varkappa) + f(x_\varkappa, y_k(x_\varkappa))(x - x_\varkappa) \quad \text{für } x_\varkappa < x \leqq x_{\varkappa+1}$$
$$(\varkappa = 0, 1, 2, \ldots, k-1).$$

Alle haben im Punkte (x_0, y_0) dieselbe Ausgangsrichtung

$$D_+ y_k(x_0) = f(x_0, y_k(x_0)) = f(x_0, y_0).$$

Wir wählen $x_0 = 0$, $a_2 = 1$ und betrachten nur die Unterteilungen

$$\mathfrak{E}_k^*:\quad 0 < \frac{1}{2^k} < \frac{2}{2^k} < \ldots < \frac{\varkappa}{2^k} < \frac{\varkappa+1}{2^k} < \ldots < \frac{2^k-1}{2^k} < \frac{2^k}{2^k} = 1.$$

Wir verlangen, daß

$$f(0,0) = 0, \tag{53}$$

und definieren $f(x,y)$ zunächst auf der Geraden $y = 0$. Und zwar sei

$$f\left(\frac{1}{2^k}, 0\right) = (-1)^k \frac{2}{2^k} \qquad (k = 0, 1, 2, \ldots). \tag{54}$$

Dann ist

$$f\left(\frac{1}{2^k}, 0\right) \begin{cases} > 0 \text{ für gerades } k, \\ < 0 \text{ für ungerades } k \end{cases}$$

und

$$\lim_{k\to\infty} f\left(\frac{1}{2^k}, 0\right) = 0,$$

wie es (53) im Verein mit der Stetigkeit erfordert.

Zwischen den durch (54) festgelegten Werten lassen wir $f(x,0)$ linear verlaufen. Für $\frac{1}{2^{k+1}} \leqq x \leqq \frac{1}{2^k}$ soll also sein:

$$\begin{cases} f(x,0) = f\left(\frac{1}{2^{k+1}}, 0\right) + \dfrac{f\left(\frac{1}{2^k}, 0\right) - f\left(\frac{1}{2^{k+1}}, 0\right)}{\frac{1}{2^k} - \frac{1}{2^{k+1}}}\left(x - \frac{1}{2^{k+1}}\right) \\ \quad = (-1)^{k+1}\frac{2}{2^{k+1}} + \dfrac{(-1)^k \frac{2}{2^k} - (-1)^{k+1}\frac{2}{2^{k+1}}}{\frac{1}{2^k} - \frac{1}{2^{k+1}}}\left(x - \frac{1}{2^{k+1}}\right) \\ \quad = 2(-1)^k\left(3x - \frac{1}{2^{k-1}}\right). \end{cases} \tag{55}$$

Ferner setzen wir fest:

$$\begin{cases} f(x,y) = -2x \text{ für } y \leqq -\dfrac{x^2}{2}, \\ f(x,y) = 2x \text{ für } y \geqq \dfrac{x^2}{2}. \end{cases} \tag{56}$$

Dann ist für $\frac{1}{2^{k+1}} \leqq x \leqq \frac{1}{2^k}$, k gerade:

$$f(x,0) = 2\left(3x - \frac{1}{2^{k-1}}\right) \geqq 6x - 8x = -2x = f\left(x, -\frac{x^2}{2}\right),$$

$$f(x,0) = 2\left(3x - \frac{1}{2^{k-1}}\right) \leqq 6x - 4x = 2x = f\left(x, \frac{x^2}{2}\right),$$

k ungerade:

$$f(x,0) = -6x + \frac{2}{2^{k-1}} \geqq -6x + 4x = -2x = f\left(x, -\frac{x^2}{2}\right),$$

$$f(x,0) = -6x + \frac{2}{2^{k-1}} \leqq -6x + 8x = 2x = f\left(x, \frac{x^2}{2}\right).$$

Wenn wir also im Bereich $-\frac{x^2}{2} \leqq y \leqq 0$ und im Bereich $0 \leqq y \leqq \frac{x^2}{2}$ $f(x,y)$ linear in y wählen, so ist unsere Monotonieforderung erfüllt.

Es soll also sein: Für $\frac{1}{2^{k+1}} \leqq x \leqq \frac{1}{2^k}, -\frac{x^2}{2} \leqq y \leqq 0$:

$$f(x,y) = f\left(x, -\frac{x^2}{2}\right) + \frac{f(x,0) - f\left(x, -\frac{x^2}{2}\right)}{\frac{x^2}{2}}\left(y + \frac{x^2}{2}\right)$$

$$= -2x + \frac{2(-1)^k\left(3x - \frac{1}{2^{k-1}}\right) + 2x}{\frac{x^2}{2}}\left(y + \frac{x^2}{2}\right)$$

$$= 2(-1)^k\left(3x - \frac{1}{2^{k-1}}\right) + \frac{4(-1)^k\left(3x - \frac{1}{2^{k-1}}\right) + 4x}{x^2} y,$$

für $\frac{1}{2^{k+1}} \leqq x \leqq \frac{1}{2^k}, 0 \leqq y \leqq \frac{x^2}{2}$:

$$f(x,y) = f(x,0) + \frac{f\left(x, \frac{x^2}{2}\right) - f(x,0)}{\frac{x^2}{2}} y$$

$$= 2(-1)^k\left(3x - \frac{1}{2^{k-1}}\right) + \frac{4x - 4(-1)^k\left(3x - \frac{1}{2^{k-1}}\right)}{x^2} y.$$

Mit dieser Definition haben wir es eingerichtet, daß $f(x,y)$ in dem durch die Ungleichungen

$$0 \leqq x \leqq 1, \quad -\infty < y < \infty$$

definierten Bereich gleichmäßig stetig und gleichmäßig beschränkt ist:

$$(57) \qquad -2 \leqq f(x,y) \leqq 2.$$

Jetzt betrachten wir die Cauchyschen Polygonzüge $y_k(x)$, die zu den Unterteilungen $\mathfrak{E}_k^*$ gehören und den Ausgangswert $y_0 = 0$ haben.

Im Intervall $0 \leqq x \leqq \frac{1}{2^k}$ ist nach (53)

$$y_k(x) = y_0 + f(0, y_0)\, x = 0,$$

also $y_k\left(\frac{1}{2^k}\right) = 0$; die Ecken mit der Abszisse $\frac{1}{2^k}$ liegen auf der x-Achse. Im Intervall $\frac{1}{2^k} \leqq x \leqq \frac{2}{2^k}$ ist deswegen und nach (54)

$$y_k(x) = (-1)^k \frac{2}{2^k}\left(x - \frac{1}{2^k}\right),$$

also

$$y_k\left(\frac{2}{2^k}\right) = (-1)^k \frac{2}{2^{2k}} = (-1)^k \frac{1}{2}\left(\frac{2}{2^k}\right)^2,$$

die Ecken mit der Abszisse $\frac{2}{2^k}$ liegen also auf der Kurve $y = (-1)^k \frac{x^2}{2}$.

Ganz allgemein liegen die Ecken mit der Abszisse $\frac{\varkappa}{2^k}$ auf der Kurve $y = (-1)^k \frac{\varkappa - 1}{\varkappa} x^2$. Denn für $\varkappa = 1$ und $\varkappa = 2$ ist dies nach dem soeben Gesagten richtig, und gilt es für irgendein $\varkappa$ ($\varkappa = 2, 3, .., 2^k - 1$), so ist

$$y_k\left(\frac{\varkappa}{2^k}\right) = (-1)^k \frac{\varkappa - 1}{\varkappa}\left(\frac{\varkappa}{2^k}\right)^2, \tag{58}$$

also im Intervall $\frac{\varkappa}{2^k} \leqq x \leqq \frac{\varkappa + 1}{2^k}$ nach (56)

$$y_k(x) = y_k\left(\frac{\varkappa}{2^k}\right) + f\left(\frac{\varkappa}{2^k}, y_k\left(\frac{\varkappa}{2^k}\right)\right)\left(x - \frac{\varkappa}{2^k}\right)$$

$$= (-1)^k \frac{\varkappa - 1}{\varkappa}\left(\frac{\varkappa}{2^k}\right)^2 + (-1)^k\, 2 \frac{\varkappa}{2^k}\left(x - \frac{\varkappa}{2^k}\right),$$

mithin insbesondere

$$y_k\left(\frac{\varkappa + 1}{2^k}\right) = (-1)^k \frac{\varkappa}{\varkappa + 1}\left(\frac{\varkappa + 1}{2^k}\right)^2,$$

dann gilt unsere Aussage also auch für $\varkappa + 1$.

Speziell ergibt sich für $\varkappa = 2^k$ aus (58)

$$y_k(1) = (-1)^k \frac{2^k - 1}{2^k};$$

$$\lim_{(\mathfrak{E}_k^*)} y_k(1) = \begin{cases} 1, & \text{falls } k \text{ die Reihe der geraden Zahlen durchläuft,} \\ -1, & \text{„ } k \text{ „ „ „ ungeraden „ „ .} \end{cases}$$

Bei unserer Differentialgleichung konvergiert also die Methode von CAUCHY-LIPSCHITZ sicher nicht, wenn wir die Unterteilungen $\mathfrak{E}_k$ in beliebiger Weise verfeinern. Es gilt also

Satz 19. Wird von den Funktionen f_i nur Stetigkeit vorausgesetzt, so konvergieren bei beliebiger Verfeinerung der Unterteilung $\mathfrak{E}_k$ die CAUCHYschen Polygonzüge im allgemeinen nicht gegen feste Grenzfunktionen.

2. Bei dem in Nr. 1 angegebenen Beispiel wächst $f(x,y)$ monoton mit y; in einer früheren Arbeit [1]) habe ich gezeigt, daß dann das Verfahren der sukzessiven Approximationen konvergiert.[26]) Also haben wir hier eine Differentialgleichung, bei der die CAUCHYschen Polygonzüge divergieren, die PICARDschen Näherungsfunktionen aber konvergieren.

Andererseits habe ich a. a. O. die Differentialgleichung

$$(59) \qquad y' = f(x,y) = \begin{cases} 0 & \text{für } x=0,\ -\infty < y < \infty, \\ 2x & \text{für } 0 < x \leqq 1,\ -\infty < y < 0, \\ 2x - 4\dfrac{y}{x} & \text{für } 0 < x \leqq 1,\ 0 \leqq y \leqq x^2, \\ -2x & \text{für } 0 < x \leqq 1,\ x^2 < y < \infty, \end{cases}$$

---

[1]) Siehe Seite 3 Fußnote 1.

[26]) Dabei ist (vgl. Satz 2 meiner früheren Arbeit) das Verfahren der sukzessiven Approximationen folgendermaßen anzusetzen:

$$y_1(x) = y_0 - M(x - x_0),$$

$$y_{\lambda+1}(x) = y_0 + \int_{x_0}^{x} f(t, y_\lambda(t))\,dt \qquad (\lambda = 1, 2, 3, \ldots),$$

wobei wegen (57)

$$M = Max\,|\,f(x,y)\,| = 2$$

ist. Will man das Picardsche Verfahren in der meist üblichen Form

$$y_1(x) = y_0, \qquad y_{\lambda+1}(x) = y_0 + \int_{x_0}^{x} f(t, y_\lambda(t))\,dt \qquad (\lambda = 1, 2, 3, \ldots)$$

verwenden, so braucht man es nach einem älteren, ebenfalls a. a. O. erwähnten Satz von Herrn BENDIXSON nur einzurichten, daß die rechte Seite der Differentialgleichung nicht negativ wird. Dies erreicht man, indem man auf die von uns konstruierte Funktion $f(x,y)$ die Transformation $y = z - 2x$ ausübt, d. h. von der Differentialgleichung $y' = f(x,y)$ zu der Differentialgleichung

$$z' = F(x,z) = f(x, z - 2x) + 2$$

übergeht, bei der nach (57) die rechte Seite

$$F(x,z) = f(x, z - 2x) + 2 \geqq -2 + 2 = 0$$

ist.

angegeben, bei welcher die PICARDschen Näherungsfunktionen mit den Anfangswerten $y_0 = 0$ divergieren. Hier ist $f(x, y)$ ebenfalls im Definitionsbereich gleichmäßig stetig und gleichmäßig beschränkt, nämlich $|f(x, y)| \leq 2$, aber $f(x, y)$ nimmt mit wachsendem y monoton ab. Nach Satz 15 hat also die Differentialgleichung (59) nur ein einziges Integral mit dem Anfangswert $y(0) = 0$. Nach Satz 4 konvergieren demnach bei dieser Differentialgleichung die CAUCHYschen Polygonzüge, während die PICARDschen Näherungsfunktionen divergieren.

Satz 20. Im Bereich der stetigen Funktionen f_i sind die Konvergenzfelder der Methode von CAUCHY-LIPSCHITZ und der Methode der sukzessiven Approximationen voneinander verschieden und keines ist ein Teil des anderen.

§ 11. Neuer Konvergenzbeweis für die Methode von Cauchy-Lipschitz bei erfüllter Lipschitz-Bedingung.

1. Den Ausführungen von § 3 I entnehmen wir: Sobald nur die Unterteilungen $\mathfrak{E}_k$ und $\mathfrak{E}_{k'}$ so fein gewählt sind, daß für die Teilintervalle die Beziehungen

$$\left.\begin{matrix} x_{\varkappa+1} - x_\varkappa \\ x_{\varkappa'+1} - x_{\varkappa'} \end{matrix}\right\} \leq \operatorname{Min}\left[\delta\left(\frac{\sigma}{2}\right), \frac{1}{M}\delta\left(\frac{\sigma}{2}\right)\right] \qquad \begin{pmatrix} \varkappa = 0, 1, 2, .., k-1 \\ \varkappa' = 0, 1, 2, .., k'-1 \end{pmatrix}$$

bestehen, genügen die zugeordneten CAUCHYschen Polygonzüge Deriviertengleichungen

$$D_+ y_{ik}(x) = f_i(x, y_{1k}(x), .., y_{nk}(x)) + \Theta_{ik}(x) \qquad (i = 1, 2, .., n),$$
$$D_+ y_{ik'}(x) = f_i(x, y_{1k'}(x), .., y_{nk'}(x)) + \Theta_{ik'}(x) \qquad (i = 1, 2, .., n),$$

bei denen die Differenz der rechten Seiten die Ungleichungen

$$|f_i(x, y_1, .., y_n) + \Theta_{ik}(x) - f_i(x, y_1, .., y_n) - \Theta_{ik'}(x)|$$
$$= |\Theta_{ik}(x) - \Theta_{ik'}(x)| \leq |\Theta_{ik}(x)| + |\Theta_{ik'}(x)| < \frac{\sigma}{2} + \frac{\sigma}{2} = \sigma$$
$$(i = 1, 2, .., n)$$

erfüllt. In Nr. 2 werden wir zeigen, daß dann auch

$$(60) \qquad |y_{ik}(x) - y_{ik'}(x)| \leq \frac{\sigma}{nK}\left[e^{nK|x - x_0|} - 1\right] \qquad (i = 1, 2, .., n),$$

sofern die Funktionen f_i einer LIPSCHITZ-Bedingung

$$|f_i(x, y_1, .., y_n) - f_i(x, z_1, .., z_n)| \leq K \sum_{\varrho=1}^{n} |y_\varrho - z_\varrho| \qquad (i = 1, 2, .., n)$$

genügen.

Da σ beliebig klein sein konnte, besagt (60) nach dem allgemeinen CAUCHYschen Konvergenzprinzip, daß im Intervall $\langle x_0, x_0 + a_2\rangle$ die Grenzfunktionen

$$\lim_{(\mathfrak{E}_k)} y_{ik}(x) = y_i(x) \qquad (i = 1, 2, .., n)$$

existieren, und daß der Grenzübergang zu denselben daselbst gleichmäßig ist. Daß diese Grenzfunktionen das Differentialgleichungssystem (3) und die Nebenbedingungen (4) erfüllen, ist leicht einzusehen.

2. Die Richtigkeit der Abschätzung (60) folgt aus folgendem, noch etwas allgemeinerem

Satz 21. Die Funktionen $Y_1(x), .., Y_n(x)$ und $Z_1(x), .., Z_n(x)$ seien im Intervall $\langle x_0, x_0 + a\rangle$ stetig und mögen den Deriviertengleichungen

$$D_+ Y_i(x) = F_i(x, Y_1(x), .., Y_n(x)) \qquad (i = 1, 2, .., n),$$

bzw.

$$D_+ Z_i(x) = G_i(x, Z_1(x), .., Z_n(x)) \qquad (i = 1, 2, .., n)$$

und den gemeinsamen Anfangsbedingungen

$$Y_i(x_0) = Z_i(x_0) = a_i \qquad (i = 1, 2, .., n) \tag{61}$$

genügen. Im Intervall $\langle x_0, x_0 + a\rangle$ sei

$$|F_i(x, Z_1(x), ..., Z_n(x)) - G_i(x, Z_1(x), .., Z_n(x))| \leqq \delta \qquad (i = 1, 2, .., n),$$

$$|F_i(x, Y_1(x), ..., Y_n(x)) - F_i(x, Z_1(x), ..., Z_n(x))| \leqq K \sum_{\varrho=1}^{n} |Y_\varrho(x) - Z_\varrho(x)| \qquad (i = 1, 2, .., n).$$[27]

Dann gilt die Abschätzung

$$|Y_i(x) - Z_i(x)| \leqq \frac{\delta}{nK}\left(e^{nK|x - x_0|} - 1\right) \qquad (i = 1, 2, .., n). \tag{62}$$

Beweis: Es genügt, zu zeigen, daß für jedes $\varepsilon > 0$, $i = 1, 2, .., n$

$$|Y_i(x) - Z_i(x)| \leqq \frac{\delta}{nK}\left[e^{n(K+\varepsilon)(x - x_0)} - 1\right] = L(x). \tag{63}$$

Für $x = x_0$ ist dies nach (61) gewiß richtig. Wären die n Ungleichungen (63) nicht im ganzen Intervall $\langle x_0, x_0 + a\rangle$ erfüllt, so gäbe es aus Stetigkeitsgründen eine Zahl ξ mit folgenden Eigenschaften:

[27]) Von den Funktionen F_i und G_i wird also nichts weiter verlangt, als daß sie für die beigeschriebenen Argumente definiert sind und den angegebenen Gleichungen bzw. Ungleichungen genügen.

$$x_0 \leqq \xi < x_0 + a,$$
$$| Y_i(x) - Z_i(x) | \leqq L(x) \text{ für } x_0 \leqq x \leqq \xi \quad (i = 1, 2, \ldots, n),$$

entweder

$$\left\{ \begin{array}{l} Y_\lambda(\xi) - Z_\lambda(\xi) = L(\xi), \\ Y_\lambda(\xi + h) - Z_\lambda(\xi + h) > L(\xi + h) \end{array} \right\}$$

$$\text{oder} \left\{ \begin{array}{l} Z_\lambda(\xi) - Y_\lambda(\xi) = L(\xi), \\ Z_\lambda(\xi + h) - Y_\lambda(\xi + h) > L(\xi + h) \end{array} \right\}$$

für mindestens einen Index $i = \lambda$ und gewisse beliebig kleine positive h.

Es genügt, die erste Möglichkeit zu verfolgen, da andernfalls nur Y_i und Z_i $(i = 1, 2, \ldots, n)$ zu vertauschen sind. Dann wäre also

$$(64) \qquad D_+ (Y_\lambda(\xi) - Z_\lambda(\xi)) \geqq D_+ L(\xi) = \delta \frac{K + \varepsilon}{K} e^{n(K+\varepsilon)(\xi - x_0)}.$$

Andererseits muß aber auch folgendes gelten:

$$\begin{aligned} | D_+ (Y_\lambda(\xi) - Z_\lambda(\xi)) | &= | F_\lambda(\xi, Y_1(\xi), \ldots, Y_n(\xi)) - G_\lambda(\xi, Z_1(\xi), \ldots, Z_n(\xi)) | \\ &\leqq | F_\lambda(\xi, Y_1(\xi), \ldots, Y_n(\xi)) - F_\lambda(\xi, Z_1(\xi), \ldots, Z_n(\xi)) | \\ &\quad + | F_\lambda(\xi, Z_1(\xi), \ldots, Z_n(\xi)) - G_\lambda(\xi, Z_1(\xi), \ldots, Z_n(\xi)) | \\ &\leqq K \sum_{\varrho=1}^{n} | Y_\varrho(\xi) - Z_\varrho(\xi) | + \delta \\ &\leqq n K L(\xi) + \delta \\ &= \delta \left[e^{n(K+\varepsilon)(\xi - x_0)} - 1 \right] + \delta, \end{aligned}$$

$$(65) \quad D_+ (Y_\lambda(\xi) - Z_\lambda(\xi)) \leqq \delta e^{n(K+\varepsilon)(\xi - x_0)}.$$

Aus (64) und (65) würde folgen, daß

$$\frac{K + \varepsilon}{K} \leqq 1,$$

was für jedes $\varepsilon > 0$ einen Widerspruch bedeutet. Daher gilt durchweg im Intervall $\langle x_0, x_0 + a \rangle$ die Ungleichung (63), und deswegen auch die Ungleichung (62). W. z. b. w.

10. VOELCKER, ILSE. Über eine ganz junge Verwerfung bei Rauenberg im Kraichgau. Reichsmark 0·30

11. LIEBMANN, HEINRICH. Die Aufschließung von Differentialinvarianten. Reichsmark 0·50

Abteilung B. Biologische Wissenschaften.

Jahrgang 1923.

1. KOSSEL, A. und R. E. GROSS. Über die Darstellung und quantitative Bestimmung des Arginins. Reichsmark 0·30

Von Jahrgang 1925 ab findet die Trennung in Abteilung A und B nicht mehr statt.

Jahrgang 1925.

1. HEFFTER, LOTHAR. Zur absoluten Geometrie II. Reichsmark 0·50.
2. ROESER, ERNST. Die komplementären Figuren der nichteuklidischen Ebene. Reichsmark 0·50
3. FLADT, KUNO. Neuer Beweis f. d. Zuordnung von rechtwinkligem Dreieck und Spitzeck in der hyperbolischen Elementargeometrie. Reichsmark 0·30
4. SALOMON, WILHELM. Beobachtungen über Harnische. Reichsmark 0·70
5. LOEWY, A. Beiträge zur Algebra. 1—4. Reichsmark 1·—
6. HELLPACH, WILLY. 2. Mitteilung zur Physiognomik der deutschen Volksstämme. Reichsmark 0·30
7. LOEWY, ALFRED. Neue elementare Begründung u. Erweiterung der Galois'schen Theorie. Reichsmark 2·—
8. CURTIUS, THEODOR u. BERTHO, ALFRED. Einwirkung von Stickstoffkohlenoxyd und von Stickstoffwasserstoffsäure unter Druck auf aromatische Kohlenwasserstoffe. Reichsmark 0·40
9. ROESER, ERNST. Die gnomonische Projektion in der hyperbolischen Geometrie. Reichsmark 0·70
10. RASCH, G. Über die Ausnützung der Gezeiten des Meeres zur Energiegewinnung. Reichsmark 0·80
11. SALOMON, WILHELM. Magmatische Hebungen. Reichsmark 1·20
12. PÜTTER, A. Altersbestimmungen an Drachenbäumen von Tenerife. Reichsmark 0·90
13. VOLK, OTTO. Über geodätische rhombische Kurvennetze auf krummen Flächen, insbesondere auf Flächen konstanter Krümmung. Reichsmark 1·10
14. ROESER, ERNST. Die Fundamentalkonstruktion der hyperbolischen Geometrie. Reichsmark 1·40
15. RÜGER, L. u. RÜGER-HAAS, P. Palaeosemaeostoma geryonides v. Huene sp., eine sessile Meduse aus dem Dogger von Wehingen i. W. und Medusina liasica nov. sp., eine coronatenähnliche Meduse aus dem mittleren Lias von Hechingen i. Württemberg. Reichsmark 1·50

Jahrgang 1926.

1. KRULL, WOLFGANG. Theorie und Anwendung der verallgemeinerten Abelschen Gruppen. Reichsmark 1·70
2. KLEBS, GEORG. Über periodisch wachsende tropische Baumarten. Reichsmark 1·20
3. MÜLLER, MAX. Über die Oberfläche von Flächenstücken. Reichsmark 1·20
4. ERNST, MAX. Über Anlagen von Organen, die nicht zur Ausbildung gelangen. Reichsmark 0·50
5. ERNST, EMIL. Die optischen Eigenschaften des Andesins von Bodenmais. Reichsmark 1·10
6. LIEPMANN, WILHELM. Leichengeburt bei Ichthyosauriern. Reichsmark 0·90
7. KLEBS, GEORG. Über die Längenperiode der Internodien. Reichsmark 2·40
8. JOST, L. u. v. UBISCH, G.. Zur Windefrage. Reichsmark 0·80

9. Salomon, Wilhelm. Gibt es Gesteine, die für bestimmte Erdperioden charakteristisch sind? Reichsmark 0·30
10. Roeser, Ernst. Der reelle Übergang zwischen den beiden nichteuklidischen Geometrien und ihrem Parallelenbegriff. Reichsmark 1·20
11. Salomon, Wilhelm. Kugelförmige Absonderung. Reichsmark 0·80
12. Salomon, Felsenmeere und Blockstreuungen. Reichsmark 0·80
13. Salomon, Die Gruppendefinitionen in der Paläontologie. Reichsmark 0·90

Jahrgang 1927.

1. Loewy, Alfred. Neue elementare Begründung und Erweiterung der Galoisschen Theorie. Reichsmark 1·60
2. Liebmann, Heinrich. Rhombische Geradennetze im Raum. Reichsmark 1·—
3. Volk, Otto. Über geodätische Dreiecknetze auf Flächen konstanten Krümmungsmaßes. Reichsmark 1·80
4. Pütter, A. Chemische Reizwirkung und Giftwirkung. Mit einem mathematischen Anhang: Ein Diffussionsproblem von E. Trefftz. Reichsmark 2·40
5. Rembs, Eduard. Die Verbiegung des verlängerten Rotationsellipsoids. Reichsmark 1·60
6. Mayer, Adolf. Naturwissenschaftliche Ästhetik. Reichsmark 0·90
7. Mayer, Adolf. Naturwissenschaftliche Volkswirtschaftslehre. Reichsm. 0·80
8. Baer, R., Kapferer, H., Krull. W., Schmidt, F. K. Beiträge zur Algebra. Nr. 1—6. Reichsmark 6·20
9. Müller, Max. Über die Eindeutigkeit der Intregale eines Systems gewöhnlicher Differentialgleichungen und die Konvergenz einer Gattung von Verfahren zur Approximation dieser Integrale. Reichsmark 2·50

Abhandlungen der Heidelberger Akademie der Wissenschaften

Mathematisch-naturwissenschaftliche Klasse

Abteilung A

12. Mohr, Ernst. Über den Zusammenhang zwischen der Struktur und den morphologischen Merkmalen des Diamanten. 1924. Reichsmark 3·50
13. Reinmuth, Karl. Die Herschel-Nebel, nach Aufnahmen der Königstuhlsternwarte. 1926. Reichsmark 20·—
14. Salomon, Wilhelm. Die Erbohrung der Heidelberger Radium-Sol-Therme und ihre geologischen Verhältnisse. 1927. Reichsmark 8·—

Druck: Hermann Böhlaus Nachfolger Hof-Buchdruckerei G. m. b. H. Weimar.

Zeitfracht Medien GmbH
Ferdinand-Jühlke-Straße 7
99095 Erfurt, Deutschland
produktsicherheit@kolibri360.de